Etude biologique et phytochimique de l'Origan

Madani Sari

Etude biologique et phytochimique de l'Origan

Origanum vulgare L. ssp glandulosum (Desf.) Letswaart espèce endémique

Presses Académiques Francophones

Impressum / Mentions légales

Bibliografische Information der Deutschen Nationalbibliothek: Die Deutsche Nationalbibliothek verzeichnet diese Publikation in der Deutschen Nationalbibliografie; detaillierte bibliografische Daten sind im Internet über http://dnb.d-nb.de abrufbar.
Alle in diesem Buch genannten Marken und Produktnamen unterliegen warenzeichen-, marken- oder patentrechtlichem Schutz bzw. sind Warenzeichen oder eingetragene Warenzeichen der jeweiligen Inhaber. Die Wiedergabe von Marken, Produktnamen, Gebrauchsnamen, Handelsnamen, Warenbezeichnungen u.s.w. in diesem Werk berechtigt auch ohne besondere Kennzeichnung nicht zu der Annahme, dass solche Namen im Sinne der Warenzeichen- und Markenschutzgesetzgebung als frei zu betrachten wären und daher von jedermann benutzt werden dürften.

Information bibliographique publiée par la Deutsche Nationalbibliothek: La Deutsche Nationalbibliothek inscrit cette publication à la Deutsche Nationalbibliografie; des données bibliographiques détaillées sont disponibles sur internet à l'adresse http://dnb.d-nb.de.
Toutes marques et noms de produits mentionnés dans ce livre demeurent sous la protection des marques, des marques déposées et des brevets, et sont des marques ou des marques déposées de leurs détenteurs respectifs. L'utilisation des marques, noms de produits, noms communs, noms commerciaux, descriptions de produits, etc, même sans qu'ils soient mentionnés de façon particulière dans ce livre ne signifie en aucune façon que ces noms peuvent être utilisés sans restriction à l'égard de la législation pour la protection des marques et des marques déposées et pourraient donc être utilisés par quiconque.

Coverbild / Photo de couverture: www.ingimage.com

Verlag / Editeur:
Presses Académiques Francophones
ist ein Imprint der / est une marque déposée de
AV Akademikerverlag GmbH & Co. KG
Heinrich-Böcking-Str. 6-8, 66121 Saarbrücken, Deutschland / Allemagne
Email: info@presses-academiques.com

Herstellung: siehe letzte Seite /
Impression: voir la dernière page
ISBN: 978-3-8381-7499-0

PUBLICATIONS ET POSTERS

Certains aspects du présent travail ont été présentés sous forme d'un poster et de deux publications scientifiques.

Publications

Ruberto, G., Baratta, M.T., **Sari, M.**, Kaâbeche, M.; (2002): Chemical composition and antioxidant activity of essential oils from Algerian *Origanum glandulosum* Desf. *Flavour and Fragrance Journal* **17, 251-254.**

Sari, M., Kaâbeche, M., Biondi, D.M., Mandalari, G., D'Arrigo, M., Bisignano, G., Saija, A., Daquino, C., Ruberto, G., (2006): Chemical composition, antimicrobial and antioxidant activities of the essential ail of several populations of Algerian *Origanum glandulosum* Desf. *Flavour and Fragrance Journal* 21**, 890-896.**

Poster

Sari M. , Kaâbeche M. , Biondi D. , Daquino C. , Ruberto G. , Tomaino A. , Bisignano G., Saija A.: Studio dell'olio essenziale di *Origanum glandulosum* Desf. Algerino e valutazione dell 'attivita' antimicrobica ed antiossidante. FITOMED 2004 - *10 CONGRESSO INTERSOCIETÀ SULLE PIANTE MEDICINALI* – TRIESTE - ITALY, 16-19 SETTEMBRE 2004.

R E M E R C I E M E N T S

J'ai eu la chance et le plaisir d'effectuer ce travail de recherche d'une part, dans le laboratoire de l'institut de chimie biomoléculaire de Catania (ICB - Catania - Italie) sous la direction respective des docteurs **Giuseppe RUBERTO** et **Daniella M. BIONDI,** et d'autre part, dans le laboratoire de chimie des molécules bioactives et des arômes, Université de Nice Sophia-Antipolis (France), sous la direction des Docteurs **Luisette LIZZANI-CUVELIER** et **Nicolas BALDOVINI.**

Tout d'abord, je tiens particulièrement à remercier mon directeur de thèse, Monsieur le Professeur **Mohamed KAABECHE**, de l'Université Ferhat ABBAS de Sétif pour m'avoir fait confiance, m'avoir encouragé et conseillé tout en me laissant une grande liberté et pour son soutien et sa grande générosité.

Je remercie Monsieur le Docteur **Giuseppe RUBERTO**, de l'institut de chimie biomoléculaire de Catania (Italie) d'avoir accepté à Co-encadrer ce travail de recherche.

Mes remerciements vont également à Monsieur le Professeur **Daoud HARZALLAH,** de l'Université Ferhat ABBAS de Sétif d'avoir accepté de présider le jury de ma soutenance de thèse.

Je remercie Monsieur le Docteur **Seddik KHENNOUF**, de l'Université Ferhat ABBAS de Sétif d'avoir accepté de faire partie de mon jury de thèse.

Je tiens à remercier messieurs le Professeur **D'himi OUALI**, de l'Université de M'Sila, pour avoir aimablement accepté de juger ce modeste travail.

J'aimerais également citer ici les personnes dont la collaboration a été essentielle pour plusieurs aspects de ce travail. Je remercie en particulier Madame le Docteur **Antonella SAIJA** de l'Université de Messine (Italie) pour son aide concernant la réalisation de l'activité antimicrobienne, Monsieur le Docteur **Carmelo DAQUINO** de laboratoire de chimie biomoléculaire de Catania (Italie) pour son aide inestimable pour la réalisation de l'activité antioxydante.

Un merci collectif à tous les membres du laboratoire de l'institut de chimie biomoléculaire de Catania (ICB - Catania - Italie), et laboratoire de chimie des molécules bioactives et des arômes, Université de Nice Sophia-Antipolis (France), en particulier messieurs les Professeurs **Giuseppe RUBERTO, Giovani NICOLOSI** et **Luisette LIZZANI-CUVELIER.**

Merci aussi à tous mes collègues: **Noui HEDEL, Djamel SARRI, Amel BOUDJELAL** et **Abderrahim BENKHALED** pour leurs conseils tout le long de mon travail de thèse.

Enfin, pour leur soutien sans faille et permanent, je tiens à remercier de tout cœur mes parents et mes enfants ainsi que ma femme pour son amour et sa compréhension.

RESUME:

Les huiles essentielles *d'Origanum vulgare* L. *ssp glandulosum* (Desf.) Letswaart sont extraites par hydrodistillation à partir des parties aériennes. 27 échantillons d'Origan sont analysés par la chromatographie en phase gazeuse (GPC) et la spectrométrie de masse (CPG-SM). 40 composants ont été entièrement identifiés. Cependant, toutes les huiles ont été caractérisées par la prédominance de quatre composants dits majeurs, le thymol (7.7 –73.1%), le carvacrol (7.6–72.6%), le *p*-cymene (1.7–25. 8 %) et γ-terpinène (1.1–18.7%). Les propriétés antioxydantes d'huile essentielle d'Origan par rapport à sa composition chimique ont été examinées. L'activité antioxydante a été étudiée par deux méthodes différentes. La capacité antioxydante d'huiles a été mesurée (TBARS). Celle-ci a été comparée à celles du α-tocophérol et BHT. Les quatre huiles (échantillons de 1998) ont été également dotées d'un degré élevé d'activité à la plus basse concentration (100 ppm). Cette activité peut être attribuée à la teneur élevée en composés phénoliques, à savoir le thymol et le carvacrol, qui caractérisent fortement la composition de ces huiles. L'activité de balayage de radical libre d'huiles essentielles a été déterminée par le système 1,1-diphenyl-2-picrylhydrazyl (DPPH). Les teneurs en Sc_{50} (concentration à 50%) étaient dans l'intervalle 33,8–55.7 µg/ml, représentant une bonne efficacité antioxydante (échantillons 2002-2003). Les huiles essentielles sont également évaluées pour leur activité antimicrobienne par la méthode des disques de diffusion et la détermination de la concentration minimale inhibitrice (CMI) contre six souches standards (*Escherichia coli*, *Pseudomonas aeruginosa*, *Staphylococcus aureus*, *Enterococcus hirae*, *Candida albicans*, *Candida tropicalis*). Toutes les souches microbiennes utilisées (les bactéries gram positives et gram négatives et les levures) ont montré un degré de sensibilité assez semblable aux huiles essentielles étudiées. En outre, on a observé un niveau semblable de la toxicité pour toutes les huiles examinées, avec des valeurs de CMI de 31.25–125.00 du µg/ml. En conclusion, l'addition du Tween 80 à l'huile ou à l'agar diminue nettement l'activité antimicrobienne d'huiles essentielles contre toutes les souches microbiennes utilisées, ainsi suggérant que l'activité antimicrobienne d'huiles essentielles dépend des caractéristiques physico-chimiques de leurs composés et également des souches microbiennes utilisées.

MOTS CLÉS: *Origanum vulgare* L. *ssp glandulosum* (Desf.) Letswaart - Lamiaceae- huile essentielle- thymol- carvacrol- activités antimicrobiennes, antioxydantes et antiradicalaires (TBARS - DPPH).

ABSTRACT

Essential oils extracted by hydrodistillation from the aerial parts of 27 samples of Algerian *Origanum vulgare* L. *ssp glandulosum* (Desf.) Letswaart were analysed by gas chromatography (GPC) and GPC–mass spectrometry (MS). 40 components have been fully characterized. However, all the oils were characterized by the predominance of four components, thymol (7.7–73.1%), carvacrol (7.6–72.6%), *p*-cymene (1.7–25.8%) and γ-terpinene (1.1–18.7%).

The antioxidant properties of the essential oil from oregano in relation to its chemical composition were examined. The antioxidant activity was investigated with two different methods. The antioxidant capacity of the oils was measured by the modified thiobarbituric acid reactive species (TBARS). The activity was compared with those of α-tocopherol and 2,6-ditertbutyl- 4-methyl phenol (BHT, butylated hydroxytoluene). The four oils (samples of 1998) were also endowed with a high degree of activity at the lowest concentration (100 ppm). This activity is to be ascribed to the high content of phenol components, viz. thymol and carvacrol, which strongly characterize the composition of these oils. The free radical scavenging activity of essential oils was determined by the 1,1-diphenyl-2-picrylhydrazyl (DPPH) model system. The SC_{50} (scavenging concentration) values were in the range 33.8–55.7 µg/ml, representing a good antioxidant effectiveness (samples 2002-2003).

The essential oils were also evaluated for their antimicrobial activity by the agar disc diffusion method and the determination of minimum inhibitory concentration (MIC) against six standard strains (*Escherichia coli*, *Pseudomonas aeruginosa*, *Staphylococcus aureus*, *Enterococcus hirae*, *Candida albicans*, *Candida tropicalis*). All microbial strains employed (Gram-positive and Gram-negative bacteria and yeasts) showed a fairly similar degree of susceptibility to the essential oils under investigation, although no evident difference was observed in their sensitivity. Furthermore, a similar level of toxicity was observed for all oils examined, with MIC values of 31.25–125.00 µg/ml. Finally, the addition of the emulsifier Tween 80 to the oil or to the agar markedly decreases the antimicrobial activity of the essential oils against all microbial strains employed, thus suggesting that the antimicrobial activity of the essential oils is dependent on the physicochemical characteristics of their components and also on the microbial strains employed.

KEY WORDS: *Origanum vulgare* L. *ssp glandulosum* (Desf) Letswaart; Lamiaceae; Essential oil; thymol; carvacrol; antimicrobial, antioxidant, and antiradical activities (TBARS – DPPH).

ABS	Absorbance
AFNOR	Association Française de Normalisation
AMH	Muller Hinton Agar
BDS	Dextrose de Sabouraud
BMH	Bouillon de Muller – Hinton
ATCC	Collection de Culture Type Américain
CMB	Concentration Minimale Bactéricide
CMI	Concentration Minimale Inhibitrice
CPG	Chromatographie à phase gazeuse
DPPH	Radical 1,1-diphényl-2-picryhydrazyle
FID	Détecteur à Ionisation de Flamme
IRTF	Infrarouge par Transformée de Fourier
NCCLS	National Committee for Clinical Laboratory Standard
NIST	National Institute of Standards and Technology
RMN	Résonance Magnétique Nucléaire
SC_{50}	Concentration correspondant à 50% d'inhibition
SFE	Extraction par les Fluides Supercritiques
SPME	Microextraction en Phase Solide
TBA	Acide Thiobarbiturique
TBARS	Thiobarbituric Acid Reactive Substances

TABLE DE MATIERES

I

CHAPITRE III

ETUDE DE L'ACTIVITE ANTIOXYDANTE ET ANTIRADICALAIRE DES HUILLES ESSENTIELLES DE L'Origanum vulgare L. ssp glandulosum (Desf.) Letswaart

CHAPITRE IV

ETUDE DE L'ACTIVITE ANTMICROBIENNE DES HUILLES ESSENTIELLES DE L'Origanum vulgare L. ssp glandulosum (Desf.) Letswaart

Introduction

INTRODUCTION

L'utilisation thérapeutique des extraordinaires vertus d'un grand nombre de plantes, aromatiques, médicinales, des plantes épices et autres, pour le traitement de toutes les maladies de l'homme est très ancienne et évolue avec l'histoire de l'humanité.

Dans le monde, 80% des populations (PELT, 2001) ont recours à des plantes médicinales pour se soigner, par manque d'accès aux médicaments prescrits par la médecine moderne mais aussi parce que ces plantes ont souvent une réelle efficacité. Aujourd'hui, le savoir des tradipraticiens est de moins en moins transmis et tend à disparaître. C'est pour cela que l'ethnobotanique et l'ethnopharmacologie s'emploient à recenser, partout dans le monde, des plantes réputées actives et dont il appartient à la recherche moderne de préciser les propriétés et valider les usages.

L'évaluation des propriétés phytothérapeutiques comme antioxydantes et antimicrobiennes, demeure une tâche très intéressante et utile, en particulier pour les plantes d'une utilisation rare ou encore non connues dans la médecine et les traditions médicinales folkloriques. Ces plantes représentent une nouvelle source de composés actifs. En effet, les métabolites secondaires font et restent l'objet de nombreuses recherches in vivo comme in vitro, notamment la recherche de nouveaux constituants naturels tels les composés phénoliques, les saponosides et les huiles essentielles.

La famille des Lamiacées est l'une des familles les plus utilisées comme source mondiale d'espèces et d'extraits à fort pouvoir antibactérien et antioxydant ; dans cette famille l'Origan est pris comme but, qui consiste à renforcer la connaissance de la composition chimique de ses huiles essentielles.

Pour cela, nous nous sommes intéressés à étudier les huiles essentielles d'Origan. Celles-ci commencent à avoir beaucoup d'intérêt comme source potentielle de molécules naturelles bioactives. Elles font l'objet d'études pour leur éventuelle utilisation comme alternative pour le traitement des maladies infectieuses et pour la protection des aliments contre l'oxydation.

Ce travail vise l'étude de la composition chimique, l'activité antioxydante, antiradicalaire et l'activité antimicrobienne des huiles essentielles d'*Origanum vulgare* L. ssp *glandulosum* (Desf.) .Letswaart synonyme d'*Origanum glandulosum* Desf. selon QUEZEL et SANTA (1962-1963).

La présente étude est structurée en quatre chapitres:

- Le premier chapitre englobe une présentation de la plante (Origan: d'*Origanum vulgare* L. ssp *glandulosum* (Desf.) Letswaart, qu'il est consacré à l'historique, la distribution, la description botanique, les propriétés biologiques ainsi qu'aux études de la composition chimique des huiles essentielles antérieures réalisées sur le genre et l'espèce.

- Et dans le deuxième chapitre, nous faisons le point sur les principales méthodes d'obtention des huiles essentielles et les principales techniques d'analyses utilisées. Nous avons également identifiés les constituants des huiles essentielles des échantillons d'*Origanum vulgare* L. ssp *glandulosum* (Desf.) Letswaart. en utilisant les techniques de séparation chromatographique (CPG) et de couplage CPG-SM par comparaison des indices de rétention avec ceux des composés de référence contenus dans la bibliothèque du laboratoire (CNR de Catania et département de chimie de Nice) et ceux de la littérature.

- Les chapitres III et VI sont consacrés à l'étude de l'activité antioxydante, antiradicalaire et antimicrobienne des huiles essentielles d'*Origanum vulgare* L. ssp *glandulosum* (Desf.) Letswaart.

- En dernier, une conclusion générale résumant les résultats obtenus de cette étude.

Chapitre I

Présentation de la plante
«Origanum vulgare L. ssp glandulosum (Desf.)Letswaart»

I.1- L'Historique

Il existe plusieurs versions sur les origines étymologiques du mot *Origanum*.La première viendrait du grec 'ori-ganumaï' = qui se plait dans la montagne, ou ''ori-ganos'' = éclat de la montagne (Dubois *et al.*, 2006). Le mot désigne également une plante d'un parfum pénétrant.

L'Origan est l'une des plantes majeures de l'antiquité. Pline (Ier siècle ap. J.C.) lui consacre une place importante dans le livre XX de son histoire naturelle; détaillant ses formes et ses utilisations (LITTRE, 1951).

L'Origan était considéré comme panacée (GUERIN, 1835), puisqu'on l'utilisait comme anti-infectieux, bactéricide, antitussif, expectorant, carminatif et emménagogue, l'origan est utilisé depuis très longtemps pour soigner les infections respiratoires (en inhalations) mais aussi diverses maladies de peau (avec infections ou non). Tisanes et inhalations, compresses, huile et décoction servaient à l'extérieur comme à l'intérieur du corps (SENS-OLIVE, 1979). En cosmétique, l'origan est utilisé industriellement pour la parfumerie.

En outre l'origan était déjà connu de l'Egypte des pharaons pour ses vertus antiseptiques. Les médecins chinois utilisèrent pendant des siècles l'Origan pour soigner divers maux (BOULLARD, 2001). Au moyen âge, les pèlerins mettaient de l'Origan dans leurs chaussures pour soulager leurs pieds, tout comme les centurions romains qui connaissaient déjà les propriétés antiseptiques et anti-inflammatoires de cette plante (LEMHADRI *et al.*, 2004).

I.2 - L'Origan dans le monde végétal

Le règne végétal, de par sa richesse et sa diversité, peut être classé en deux catégories, les plantes vasculaires et les plantes non vasculaires. Les plantes vasculaires peuvent être, à leur tour, subdivisées en deux grands groupes: les cryptogames vasculaires (plantes sans fleurs) et les phanérogames (plantes à fleurs). Dans les phanérogames on distingue deux classes: les plantes gymnospermes (à graines nues comme le ginkgo, les conifères, etc.) et les angiospermes «à graines renfermées dans un fruit» (BOULLAND, 1988).

Les angiospermes regroupant la majeure partie des plantes, soit environ 250 000 espèces répandues sur toute la terre, mais peut abondantes en milieu aquatique (BOULLAND, 1988). Elles se divisent en monocotylédones (céréales, plantes bulbeuses, palmiers, orchidées, etc.) et dicotylédones, de loin les plus nombreuses, comprenant les arbres feuillus et la plupart des plantes potagères et industrielles (Figure I.1)

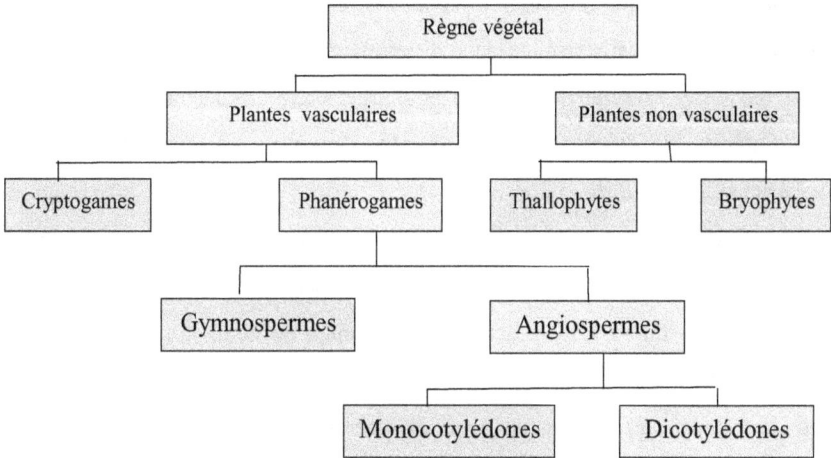

```
                        ┌─────────────────┐
                        │  Règne végétal  │
                        └─────────────────┘
              ┌──────────────────────┴──────────────────────┐
    ┌───────────────────────┐              ┌───────────────────────────┐
    │  Plantes vasculaires  │              │  Plantes non vasculaires  │
    └───────────────────────┘              └───────────────────────────┘
       ┌──────────┴──────────┐              ┌──────────┴──────────┐
┌──────────────┐    ┌──────────────┐  ┌──────────────┐   ┌──────────────┐
│ Cryptogames  │    │ Phanérogames │  │ Thallophytes │   │  Bryophytes  │
└──────────────┘    └──────────────┘  └──────────────┘   └──────────────┘
            ┌──────────────┴──────────────┐
    ┌──────────────────┐        ┌──────────────────┐
    │  Gymnospermes    │        │  Angiospermes    │
    └──────────────────┘        └──────────────────┘
                      ┌──────────────┴──────────────┐
            ┌──────────────────┐        ┌──────────────────┐
            │ Monocotylédones  │        │  Dicotylédones   │
            └──────────────────┘        └──────────────────┘
```

Figure I.1: Organisation de l'Origan dans le monde végétal

(BOULLAND, 1988)

Les Lamiacées constituent une vaste famille d'angiospermes dicotylédones à fleurs gamopétales irrégulières, qui groupe surtout des plantes herbacées et sous-arbustives réparties dans le monde entier (QUEZEL et SANTA, 1962-1963). Elles sont faciles à reconnaître avec leurs tiges quadrangulaires garnies de feuilles opposées tomenteuses et odorantes, insérées sur des nœuds bien marqués (QUEZEL et SANTA, 1962-1963). Leurs fleurs possèdent une corolle aux pétales soudées (gamopétales) mais à deux lèvres bien marquées: la lèvre supérieure arrondie en forme de casque, la lèvre inférieure plane et trilobée (QUEZEL et SANTA, 1962-1963). Ce dispositif est lié à l'entomogamie (pollinisation par les insectes). Le genre *Origanum* est très

5

abondant dans la région méditerranéenne, utilisé en de multiples occasions, herbe aromatique connue depuis l'Oligocène, appartient à un groupe homogène de dicotylédones gamopétales, souvent réunies dans l'ordre des Lamiales (BOULLAND, 1988).

I.3- Aperçu des Lamiacées dans la flore d'Algérie

Les Lamiacées constituent une des principales familles botaniques qui jouent un rôle essentiel dans la production des huiles essentielles. Rappelons que cette famille est répandue dans diverses régions du monde. Cependant, elle est considérée comme une famille botanique méditerranéenne par excellence. En Algérie, 145 espèces sont répertoriées dans tous les territoires aussi bien sahariens (*Lavandula pubescens* Dec.), arides (*Zizyphora hispanica* L.) qu'humides (*Mentha aquatica* L.). Ces espèces sont réparties en 28 genres (Tableau I.1), de nombreuses espèces sont inscrites dans la pharmacopée de tous les pays du monde. L'activité des plantes de cette famille est due à la présence de «réservoirs» sous-cuticulaires constitués par des poils glanduleux ou sécréteurs qui emmagasinent et secrètent les essences (Figure I.2) (QUEZEL et SANTA, 1962-1963).

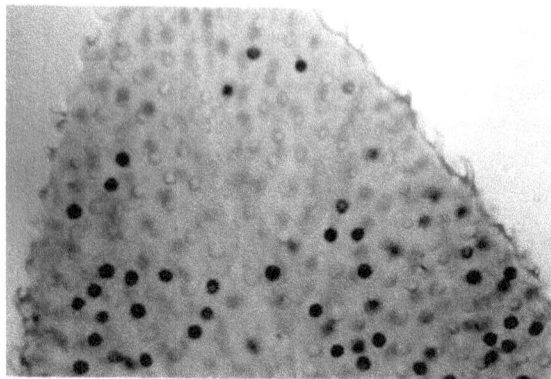

Figure I.2: Coupe microscopique d'une feuille *d'Origanum vulagre* L. ssp *glandulosum* (Desf.) Letswaart.

Tableau I.1: Les genres de la famille des Lamiacées

(QUEZEL et SANTA, 1962-1963)

Genres	N. E.	Genres	N. E.	Genres	N. E.	Genres	N. E.
Lycopus	01	*Scutellaria*	01	*Preslia*	01	*Prunella*	02
Mentha	05	*Cleonia*	01	*Ajuga*	03	*Leonurus*	01
Teucrium	21	*Thymus*	12	*Zizyphora*	02	*Melissa*	01
Rosmarinus	02	*Satureja*	16	*Salvia*	18	*Phlomis*	04
Molucella	01	*Lamium*	07	*Saccocalyx*	01	*Stachys*	14
Lavandula	05	*Ballota*	02	*Sideritis*	08	*Hyssopus*	01
Marrubium	06	*Nepta*	04	*Prasium*	01	*Origanum*	03
N.G.: Nombres de genres = 28				*N.E.: Nombres d'espèces = 145*			

I.4- Dénomination de l'Origan

L'Origan est reconnu en arabe sous la dénomination de Zaâter. Cependant, il y a lieu de signaler que cette dernière dénomination est peu précise. Le terme Zaâter, englobe en fait diverses plantes aromatiques de la famille des Lamiacées et appartenant à trois genres: Le Thym (*Thymus algeriensis* Desf.), le *Saccocalyx* (*Saccocalyx satureiodes* Dur.) (QUEZEL et SANTA, 1962-1963) et l'Origan (*Origanum vulagre* sous-espèce *glandulosum* (Desf.) Letswaart (LETSWAART, 1980).

I.5- Description botanique d'*Origanum vulagre* L. ssp *glandulosum* (Desf.)Letswaart.

Plante vivace et sarmenteuse (Figure I.3); avec un port sous-arbustif, cette plante forme de touffes de quelques centimètres de diamètre et une hauteur comprise entre 30 à 60cm. Les principaux caractères qui permettent de reconnaître cette plante sont : les tiges toutes dressées, épis denses, à fleurs restant contiguës après floraison. Calice tubuleux à 5 dents courtes, bilabié ou non. Corolle blanche ou rosée, à lèvre supérieure émargée et à lèvre inférieur trilobée bien longue que la lèvre supérieure (QUEZEL et SANTA, 1962-1963).

Figure I.3: Rameau de l'*Origanum vulagre* L. *ssp glandulosum* (Desf.) Letswaart.

I.6- Ecologie de *l'Origan*.

L'Origan originaire d'Afrique du Nord. Il colonise les terrains secs et chauds, les broussailles, les garrigues et les pâturages, surtout en montagne (QUEZEL et SANTA, 1962-1963). En outre, l'Origan est essentiel à la protection de l'environnement en zones susceptibles de désertification et sous une précipitation légère contre les risques d'érosion assurant ainsi la couverture végétale. Cette dernière peut être exploitée par les habitants de ces régions.

I.7 - Classification botanique de l'Origan selon la flore de QUEZEL et SANTA (1962-1963)

En Algérie, l'Origan est représenté par trois espèces: *Origanum majorana* L., *Origanum floribundum* Munby et *Origanum glandulosum* Desf. La première espèce, *Origanum majorana* L. est cultivée et plus ou moins subspontanée. Son aire de distribution est l'Europe et la Méditerranée. La deuxième espèce, *Origanum floribundum* Munby est localisée dan l'Atlas Tellien et la grande Kabylie où colonise les pâturages surtout en montagne. La troisième espèce est plus répandue dans toutes les régions et elle est considérée sur le plan phytogéographique comme plante endémique, c'est-à-dire que l'aire de répartition de cette plante est localisée dans deux pays l'Algérie et la Tunisie. La systématique de cette plante est la suivante:

- **Embranchement**: *Spermaphytes*
- **Sous embranchement**: *Angiospermes*
- **Classe**: *Dicotylédones*
- **Sous classe:** *Gamopétales*
- **Ordre**: *Lamiales*
- **Famille**: *Lamiacées ex. Labiées*
- **Genre**: *Origanum*
- **Espèce**: *Origanum glandulosum* Desf. ou
- **Espèce**: *Origanum vulgare* L. **sous-espèce.** *glandulosum* (Desf.) Letswaart.

Cependant, les travaux de LETSWAART (1980), reconnaissent au sein de cette espèce divers taxons.

I.7.1- Taxonomie du genre *Origanum*

Ce paragraphe reprend dans ses grandes lignes les divers travaux (LETSWAART, 1980; CARLSTROM, 1984; DANIN et KUNE, 1996) de taxonomie relatifs au genre *Origanum*. Selon ces auteurs, le genre *Origanum* comprend 49 taxons de rangs d'espèces, sous espèces ou de variétés (Figure I.4). Ces taxons sont répartis en 10 sections (Annexe 1). A titre d'exemple la taxonomie relative à la plante récoltée en Algérie (LETSWAART, 1980) appartient au genre *Origanum* et à la section *Origanum* (Figure I.5) qui comprend six espèces parmi lesquelles *Origanum vulgare* L. (Tableau I.2 et Figure I.4).

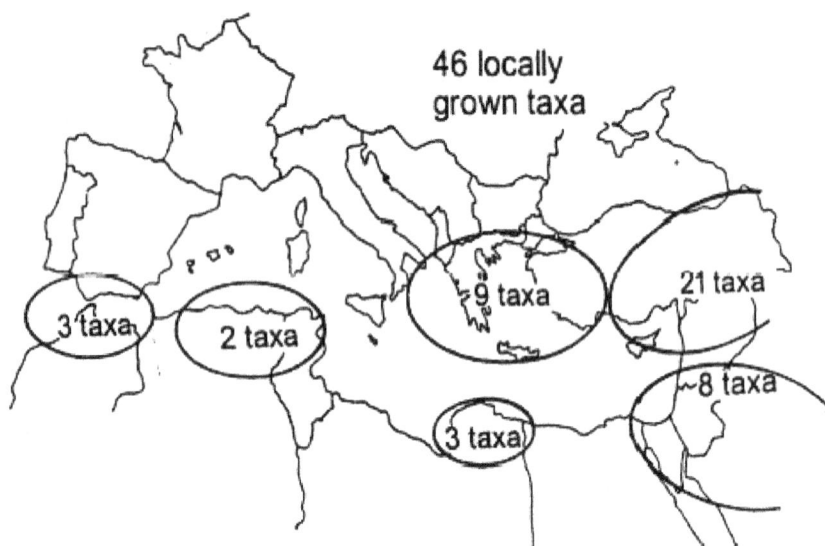

Figure I.4: Les taxons spontanés *d'Origanum* dans les différents pays de la Méditerranée (KOKKINI, 1996)

C'est au sein de cette section que se classe la plante analysée (Origan) avec le rang de sous-espèce; selon cette taxonomie (KOKKINI, 1996), la nomenclature récente de cette dernière est la suivante: *Origanum vulgare* L. *ssp glandulosum* (Desf.) Letswaart.

Tableau I.2: Section *Origanum* (LETSWAART, 1980)

N°	Espèces	Distribution de l'espèce
01	- *Origanum vulgare* L. ssp. *vulgare*	- L'Europe, Iran, Inde et la Chine.
02	- *Origanum vulgare* L. ssp *glandulosum* (Desf.) Letswaart	- Algérie et la Tunisie.
03	- *Origanum vulgare* L. ssp. *gracile* (Koch.) Letswaart	-L'Afghanistan, Iran, Turquie et l'ancien URSS.
04	- *Origanum vulgare* L. ssp. *hirtum* (Link.) Letswaart	- L'Albanie, Croatie, Grèce et la Turquie
05	- *Origanum vulgare* L. ssp. *viridulum* (Martrin-Donos) Nyman	- L'Afghanistan, Chine, Croatie, France, Grèce, Inde, Italie et le Pakistan.
06	- *Origanum vulgare* L. ssp. *virens* (Hoffmannsegg et Link.) Letswaart	- Les Açores, îles de Baléares, îles de Canaries, Madère, Maroc, Portugal et l'Espagne.

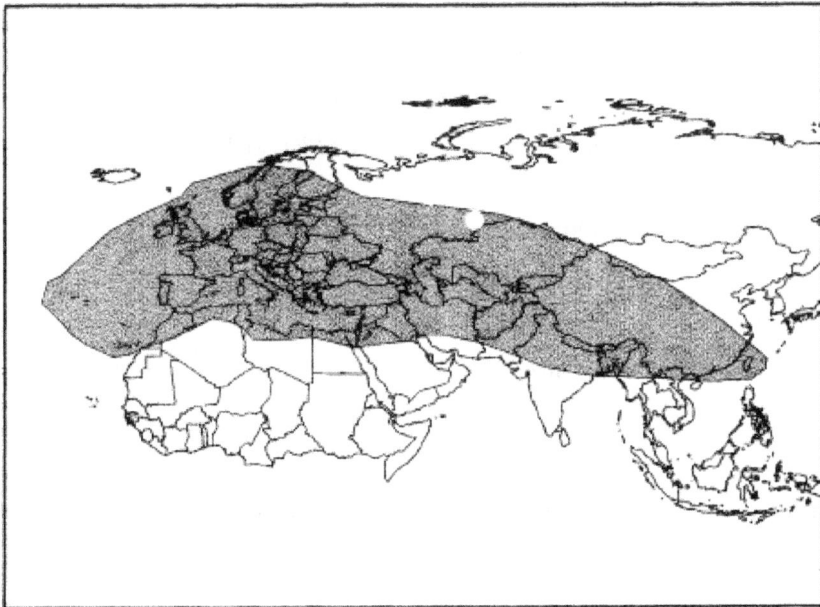

Figure I.5: Distribution de la section *Origanum*

(SKOULA et HARBORNE, 2002)

11

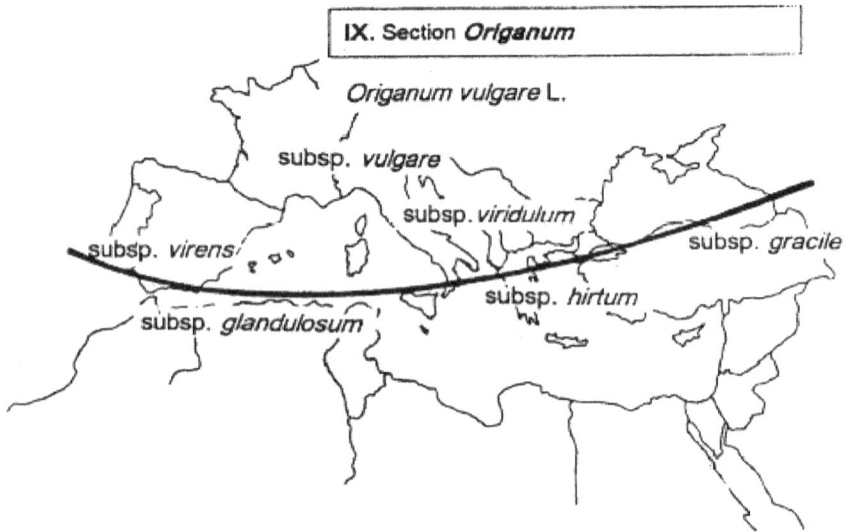

Figure n°I.6: La distribution des six sous-espèces d'*Origanum vulgare* L.
(KOKKINI, 1996).

(Au-dessus de la ligne, les taxons sont pauvres en HE et au-dessous de la ligne,
les taxons sont riches en HE)

I. 8- Composition chimique des huiles essentielles de l'Origan

La composition d'huile essentielle varie selon son origine. Le rendement d'HE est variable et cette variabilité est liée à plusieurs paramètres naturels ou humains, c'est à dire, paramètres écologiques, étant donné, que les facteurs clés influençant le rendement sont entre autre, le climat (pluviométrie, humidité relative, température,…), le stade de développement, la saison de récolte qui affecte la production en huiles essentielles et chimiques ou de manipulation pour mieux voir ces différences de rendement, on a établi un Tableau (I.3) qui résume plusieurs travaux spécialisés dans ce domaine en premier lieu, et par la suite, après l'identification des composés des HE par chromatographie en phase gazeuses, on remarque la diversité des HE d'une espèce à une autre (CPG) (Tableau I.4).

Tableau I.3: Rendements des HE du genre *Origanum*

Sections	Espèces	Rend.	Références	Pays
Amaracus (Gleditsch) Bentham	- *Origanum calcaratum* Jussieu	* 0.5	Karousou, 1995	La Grèce
Chilocalyx (Briquet) Letswaart	- *Origanum microphyllum* (Bentham)Vogel	0.2 - 2	Karousou, 1995	La Grèce
Origanum	- *Origanum vulgare* L. ssp. *hirtum* (Link) Letswaart	2	Kokkini et *al*, 1991	La Grèce
	- *Origanum onites* L.	2	Vokou et *al* (88-93)	La Turquie
	- *Origanum onites* L.	* 3.1	Scheffer et *al*, 1996	La Turquie
	- *Origanum syriacum* L. var. *bevanii* (Holmes) Letswaart	* 2.4	Scheffer et *al*, 1996	La Turquie (Adana)
	- *Origanum vulgare* L. ssp. *hirtum* (Link) Letswaart	* 2.3	Scheffer et *al*, 1996	La Turquie (Içel)
	- *Origanum vulgare* L. ssp. *hirtum* (Link) Letswaart	3.4	Sezik et *al*, 1993	La Turquie
	- *Origanum vulgare* L. ssp. *gracile* (Koch.) Letswaart	0.04	Sezik et *al*, 1993	La Turquie
	- *Origanum vulgare* ssp. *viride*	0.13	Sezik et *al*, 1993	La Turquie
	- *Origanum vulgare* ssp. *vulgare*	0.08	Sezik et *al*, 1993	La Turquie
	- *Origanum vulgare* L. ssp. *vulgare*	0.1 - 0.3	Kokkini et *al*, 1989	Nord de la Grèce
	- *Origanum vulgare* L. ssp. *viridulum*	0.3 - 0.8	Kokkini et *al*, 1989	Nord de la Grèce
	- *Origanum vulgare* L. ssp. *hirtum* (Link) Letswaart	1.8-8.2	Kokkini et *al*, 1989	La Grèce
	- *Origanum smyrnacum*	3.4	Akgul et *al*, 1987	La Turquie
	- *Origanum heracleoticum* = *Origanum hirtum*	5.5	Akgul et *al*, 1987	La Turquie
	- *Origanum maru*	2.7	Akgul et *al*, 1987	La Turquie
Majorana (Miller) Bentham.	- *Origanum syriacum* L. var. *sinaicum* (Boiss.) Letswaart	1.4	Baser, 2003	Egypte (Arich)
	- *Origanum onites* L.	1.8– 4.5	Kokkini et *al*, 1989	La Grèce

(*) : *Quantité à distiller est égale : 1 Kg/3h*   *Rend. : Rendement en (%)*

13

Tableau I.4: Les composés majeurs des différentes espèces d'*Origan* (BERNATH, 1996)

Espèces	Composés majeurs	Références
bivani	Carvacrol, thymol	Hoppe, 1958
compactum	Carvacrol, γ-terpinène, terpinene-4-ol, α-terpinéol, p-cymène, carvacryl methyl éther, thymol	Benjilali et al., 1986
compactum	Carvacrol, thymol, p-cymène	Lawrence et Reynolds, 1984
cordifolium	Carvacrol, α-terpinéol, trans- and cis-nerolidol, menthyl acetate,	Valentini et al., 1991
dictamus	Carvacrol, α-pinène, β-pinène, myrcène, limonène, p-cymène, thymol, linalool, terpin-1-en-4-ol	Lawrence et Reynolds, 1984
dictamus	Carvacrol, γ-terpinène, p-cymène, caryophyllène, bornéol, terpin-1-en-4-ol, carvacrol methyl ether	Harvala et al.1987
dubium	Carvacrol, γ-terpinène	Arnold et al., 1993
dubium	1,8-cinéole, linalool et camphor	Souleles, 1991
dubium	Carvacrol, thymol	Hoppe, 1958
elongatum	Carvacrol, γ-terpinène, terpinene-4-ol, α-terpinéol, p-cymène, carvacryl methyl éther, thymol	Benjilali et al., 1986
floribundum	Carvacrol, thymol	Hoppe, 1958
heracleoticum	Carvacrol, γ-terpinène, p-cymène, thymol	Akguel et Bayrak, 1987
heracleoticum	Carvacrol, γ-terpinène, p-cymène,	Fleisher et Sneer, 1982
heracleoticum	Thymol, p-cymène, γ-terpinène	Fleisher et Sneer, 1982
heracleoticum	Thymol, terpinene-4-ol, γ-terpinène	Fleisher et Sneer, 1982
hirtum	Carvacrol, terpinène, p-cymole	Hoppe, 1958
hypericifolium	Carvacrol, p-cymène, γ-terpinène	Baser et al., 1994a
inutiflorum	Carvacrol	Baser et al., 1993
laevigatum	Bicyclogermacrène, germacrène D, β-caryophyllène, myrcène	Tucker et Maciarello, 1992
maioranoides	Carvacrol, thymol	Hoppe, 1958
majorana	Carvacrol	Baser et al., 1993
majorana var. tenuifolium	Cis-sabinène hydrate (cis-thuyanol-4), terpinene-4-ol	Arnold et al., 1993
maru	Carvacrol, γ-terpinène, p-cymène, thymol	Akguel et Bayrak, 1987
maru	Carvacrol, thymol	Hoppe, 1958
minutiflorum	Carvacrol	Baser et al., 1991
onites	Carvacrol, p-cymène (6-12%), γ-terpinène	Pino et al., 1993
onites	Carvacrol, p-cymène	Arnold et al., 1993
onites	Carvacrol	Baser et al., 1993
onites	Carvacrol, γ-terpinène, β-bisabolène	Ruberto et al., 1993
onites	Carvacrol	Biondi et al., 1993

..../........

14

Espèces	Composés majeurs	Références
onites	linalool	Baser et al., 1993
onites	Carvacrol, thymol	Lagouri et al., 1993
onites	Carvacrol	Kaya, 1992
onites	Carvacrol, thymol, bornéol, ρ-cymène, γ-terpinène	Vokou et al.,1988
onites = smyrniaceum	Carvacrol, linalool, cymol, d-camphène, α-pinène, terpène	Hoppe, 1958
rotundifolium	Cis-sabinène hydrate	Baser et al., 1995
saccatum	Carvacrol, ρ-cymène	Tumen et al.,1995
sipyleum	Carvacrol, γ-terpinène, ρ-cymène, thymol methym éthèr, methyl éthèr, thymol	Baser et al., 1992
smyrnaeum	Carvacrol, γ-terpinène, ρ-cymène, thymol	Akguel et Bayrak, 1987
solymicum	ρ-cymène, thymol, linalool	Tumen et al.,1994
syriacum	ρ-cymène, phénolique monoterpène, γ-terpinène	Dudai et al., 1992
Syriacum	Carvacrol, thymol	Fleisher et Fleisher, 1991
syriacum var. *aegyptiacum*	Carvacrol, ρ-cymène, γ-terpinène, myrcène, α-thujene, carvacro methyl ether, carvacryl acetate	Halim et al., 1991
syriacum var. *bevanii*	Carvacrol, thymol, γ-terpinène	Baser et al., 1993
syriacum var. *bevanii*	Carvacrol, thymol, γ-terpinène	Tumen et Baser, 1993
virens	Carvacrol, thymol	Hoppe, 1958
virens	Carvacrol, thymol	Hohmann, 1968
vulgare	Carvacrol, linalool, β-cacryophyllene, linalyl acetate, terpinen-4-ol	Carmo et al., 1989
vulgare	Carvacrol, thymol, trans-β-ocymène	Carmo et al., 1989
vulgare	Carvacrol, thymol, Chi-terpinène (1-methyl-4-(1-merthylethyl)-1,4-cyclohexadiène), ρ-cymène	Putievsky et al., 1988
vulgare	Carvacrol, thymol, limonène, ρ-cymène, linalool, linalilacetate	Marczal et Vincze, 1973
vulgare ssp. *gracile*	Carvacrol, germacrène acryophyllene, germacrène	Sezik et al., 1993
vulgare ssp. *virens*	Carvacrol, thymolcamphor, 1,8-cinéole	Lawrence et Reynolds, 1984
vulgare ssp. *viride*	Carvacrol, ρ-cymène, thymol, γ-terpinène	Lawrence et Reynolds, 1984
vulgare ssp. *viride*	Carvacrol, ρ-cymène (6-12%), γ-terpinène	Pino et al., 1993
vulgare ssp. *viride*	terpinen-4-ol, germacrène, β-bisabolène	Sezik et al., 1993
vulgare ssp. *hirtum*	Carvacrol, thymol, γ-terpinène, ρ-cymène	Vokou et al., 1993b
vulgare ssp. *hirtum*	Carvacrol, ρ-cymène, γ-terpinène	Baser et al.,1994b
vulgare ssp. *hirtum*	Carvacrol, thymol	Lagouri et al., 1993
vulgare ssp. *hirtum*	Carvacrol, ρ-cymène, α-pinène	Sezik et al., 1993
vulgare ssp. *hirtum*	Carvacrol, thymol, ρ-cymène, γ-terpinène	Baser et al., 1993
vulgare ssp. *vulgare*	Germacrène, terpinen-4-ol, β-bisabolène	Sezik et al., 1993
vulgare ssp. *vulgare*	Carvacrol, sabinène, cis-ocymène, , ρ-cymène, γ-cadinène	Lawrence et Reynolds, 1984
vulgare ssp. *creticum*	Carvacrol, linalool, camphène, pinène, ρ-cymène	Hoppe, 1958

15

I.9 – Les constituants majeurs des HE d'Origan

Aujourd'hui, il y a un certain nombre de publications (SKOULA, *et al.*, 2002) se rapportant à la composition chimique de l'Origan utilisées dans la classification des espèces du genre *Origanum*, autre que la révision de LETSWAART (1988).

L'Origan est connu largement dans le monde des herbes et des épices pour ses huiles volatiles (structures des composés selon NIST, 2001 et NCBI, 2008); riches en monoterpènes phénoliques principalement le carvacrol, de temps en temps thymol (Figure I.7), et d'autres composés présent dans l'Origan sont habituellement de moins d'importance quantitativement tels que des monoterpènes acycliques comme, géraniol, acétate géranylique, linalool, acétate linalylique et β-myrcène (Figure I.8) et des composés bornanes tels que le camphène, camphre, bornéol, bornyle et acétate d'isobornyle (Figure I.9). En outre, quelques sesquiterpènes, tels que caryophyllene, le bisabolène, bourbonnène, germacrene-D, humulène, muurolene, muurolene, γ-cadinène, (-)-α-copaene, α-cadinol, oxyde de caryophyllene (Figure I.10). En plus, une nomenclature IUPAC est citée (Tableau I.5).

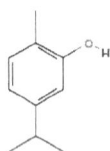

carvacrol   thymol

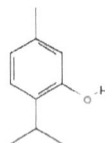

ρ- cymène   γ- terpinène

Figure I.7: Quelques structures de substances majeures rencontrées dans les HE d'Origan (NIST, 2001 et NCBI, 2008)

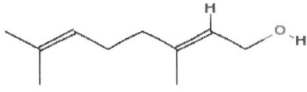

géraniol

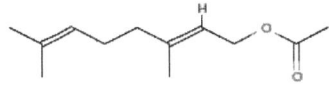

acétate géranylique

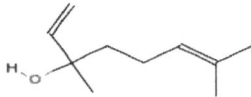

linalool

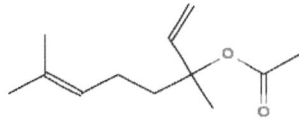

acétate linalylique

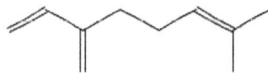

β-myrcène

Figure I.8 : Quelques structures de monoterpènes acycliques rencontrées dans les HE d'Origan (NIST, 2001 et NCBI, 2008).

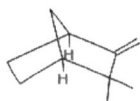

camphène

camphre

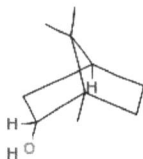

bornéol

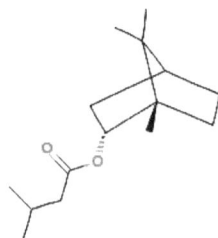

bornyle

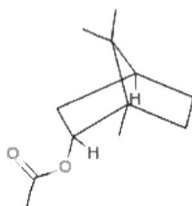

acétate d'isobornyle

Figure I.9: Quelques structures de substances bornanes rencontrées dans les HE d'Origan (NIST, 2001 et NCBI, 2008).

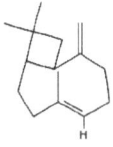

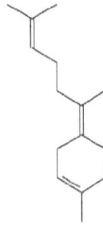

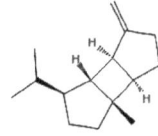

caryophyllene   bisabolène   bourbonnène

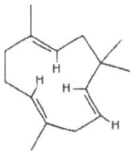

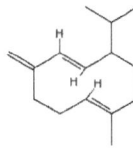

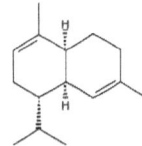

Humulène   germacrene-D   muurolène

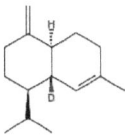

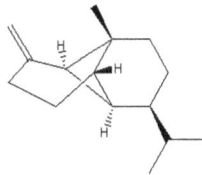

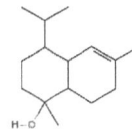

γ-cadinène   (-)-α-copaene   α-cadinol

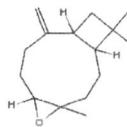

oxyde de caryophyllene

Figure I.10: Quelques structures de substances sesquiterpènes rencontrées dans les HE d'Origan (NIST, 2001 et NCBI, 2008)

Tableau I.5 : Nomenclature des composés volatils selon IUPAC

(NIST, 2001 et NCBI, 2008)

N°	Nom de composés volatils	Nom de composés volatils selon UPAC
1	Carvacrol	5- isopropyl-2-methyl phenol
2	Thymol	2- isopropyl-5-methyl phenol
3	ρ-cymene	1-methyl-4-(1-methylethyl) Benzene
4	γ-terpinène	4-methyl -1-(1-methylethyl)1,4-cyclohexadiene
5	Geraniol	3,7-dimethyl octa-1,6-dien-3-ol
6	Acétate géranylique	2,6-Octadien-1-ol, 3,7-dimethyl-, acetate
7	Linalool	1,6-Octadien-3-ol, 3,7-dimethyl-
8	Acétate linalylique	1,6-Octadien-3-ol, 3,7-dimethyl-, acetate
9	β-myrcene	7-methyl-3-methylideneocta-1,6-diene
10	Camphene	2,2-dimethyl-3-methylidenebicyclo[2.2.1]heptane
11	Camphre	1,7,7-trimethylbicyclo[2.2.1]heptan-2-one
12	Bornéol	(6R)-1,7,7-trimethylbicyclo[2.2.1]heptan-6-ol
13	Bornyle	(1,7,7-trimethyl-6-bicyclo[2.2.1]heptanyl)
14	Acétate isobornyle	[(6S)-1,7,7-trimethyl-6-bicyclo[2.2.1]heptanyl] acetate
15	Caryophyllene	(4Z)-4,11,11-trimethyl-8-methylenebicyclo(7.2.0)undec-4-ene
16	Bisabolène	(4Z)-1-methyl-4-(6-methylhept-5-en-2-ylidene) cyclohexene
17	Bourbonnène	decahydroisopropyl methyl methylene cyclobuta (1,2:3,4)dicyclopentene
18	Humulène	2,6,6,9-tetramethyl-1,4-8-cycloundecatriene
19	Germacrene-D	(1Z,6Z)-1-methyl-5-methylidene-8-propan-2-ylcyclodeca-1,6-diene
20	α- muurolene	4,7-dimethyl-1-propan-2-yl-1,2,4a,5,6,8a-hexahydronaphthalene
21	γ-cadinène	(1S,4aR,8aR)-7-methyl-4-methylidene-1-propan-2-yl-2,3,4a,5,6,8a- hexahydro-1H-naphthalene
22	(-)-α-copaene	1,3-dimethyl-8-(1-methyl ethyl) tricycle (4.4.0.0.02,7-) dec-3-ene
23	α-cadinol	(1R,4S)-1,6-dimethyl-4-propan-2-yl-3,4,4a,7,8,8a-hexahydro- 2H-naphthalen-1-ol
24	Oxide de caryophyllene	(1R,4R,6R,10S)-4,12,12-trimethyl-9-methylene-5-oxatricyclo[8.2.0.0]4,6)]dodecane

IUPAC : International Union of Pure and Applied Chemistry - NIST :National institute of standards and technology NCBI : National center for biotechnology information

I.10 - L'usage traditionnel d'*Origanum vulgare* L. ssp *glandulosum* (Desf.) Letswaart.)

L'usage de l'Origan dans la zone d'investigation est bien connu aux propriétés médicinales très intéressantes. Il calme la toux en favorisant l'expectoration, bon stimulant de l'appareil digestif; l'Origan, condiment classique des pizzas (SARI, 1999). En usage externe, sous forme de lotions (infusion concentrée) ou de pommade, s'emploie sur l'eczéma. Remède populaire du torticolis des douleurs rhumatismales (SARI, 1999). En outre, les espèces d'Origan sont utilisées également comme des désinfectants puissants et comme des agents odoriférants dans les parfums (CHIEJ, 1984).

Chapitre II

Etude des huiles essentielles de l'Origanum vulgare L. ssp glandulusum(Desf.)Letswaart

II.1-Définition des huiles essentielles

Les huiles essentielles sont des mélanges complexes constituées de plusieurs dizaines, voir plus d'une centaine de composés, principalement des terpènes. Les terpènes sont construits à partir de plusieurs entités isopréniques, constituant une famille très diversifiée tant au niveau structural que fonctionnel. On rencontre principalement des mono et des sesquiterpènes (possédant respectivement 10 et 15 atomes de carbone) plus rarement des diterpènes (20 atomes de carbone). Les huiles essentielles peuvent contenir également des composés aliphatiques (non terpéniques) ou des phényles propanoïdes (BELAICHE, 1979).

Ces produits naturels présentent un grand intérêt comme matière première destinée à différents secteurs d'activité tels que la pharmacie, la cosmétique, la parfumerie et l'agroalimentaire. Quel que soit le secteur d'activité, l'analyse des huiles essentielles reste une étape importante qui, malgré les progrès constants des différentes techniques de séparation et d'identification, demeure toujours une opération délicate nécessitant la mise en œuvre simultanée ou successive de diverses techniques (JOULAIN, 1994).

II. 2- Les procédés d'obtention des huiles essentielles

Si on se réfère à la norme AFNOR (1998), une huile essentielle est un «produit obtenu à partir d'une matière première d'origine végétale,

- soit par entraînement à la vapeur,
- soit par des procédés mécaniques à partir de l'épicarpe des *Citrus,*
- soit par distillation sèche (la distillation sèche est une distillation sans addition d'eau ou de vapeur d'eau, utilisée dans des cas particuliers [cade, écorce de bouleau,..]..)».

Les procédés les plus couramment utilisés pour l'obtention des huiles essentielles sont:

a- l'hydrodistillation est l'une des principaux procédés de production des huiles essentielles. Il s'agit de mettre le végétal, en contact direct avec l'eau bouillante dans la cuve (type Clévenger),

b- L'entraînement à la vapeur d'eau (PEYRON, 1992),

c- L'hydroffusion (CORTICCHIATO, 1999),

d- Les procédés en continu utilisés au niveau industriel (AFNOR, 1998),

e- L'expression à froid (GARNERO, 1992),

f- Les autres procédés d'extraction des substances naturelles

    i.L'extraction par les solvants (STAGLIANO, 1992).

    ii. L'extraction par les fluides supercritiques [SFE] (KSIBI, 1999).

    iii. Les techniques de microextraction

        1. La technique de l'espace de tête [HS] (VUORELLA *et al.*, 1989).

        2. La microextraction en phases solide [SPME] (PAWLISZYN, 1997).

II.3- Les différentes techniques d'analyses des huiles essentielles

L'analyse des huiles essentielles est une opération délicate qui nécessite la mise en œuvre de plusieurs techniques. La technique la plus couramment employée, est l'utilisation du couplage d'une technique chromatographique, généralement la chromatographie en phase gazeuse (CPG) permettant l'individualisation des constituants, avec une technique spectroscopique, la spectrométrie de masse (Longevialle, 1981 et Constantin, 1996), permettant l'identification des constituants par comparaison des données spectrales avec celles des produits de références contenus dans des bibliothèques de spectres (JOULAIN et KONIG, 1998). Les données spectrales sont systématiquement associées à l'utilisation des indices de rétention, qui sont calculés à partir des temps de rétention d'une gamme étalon d'alcanes. Pour faciliter l'identification des composés minoritaires les huiles essentielles peuvent être soumises à un fractionnement par chromatographie sur colonne ouverte (BELAICHE, 1979).

II.4 - Analyses par les couplages conventionnels

a: La chromatographie en phase gazeuse (CPG)

La chromatographie en phase gazeuse (CPG) est une méthode d'analyse par séparation qui s'applique aux composés gazeux ou susceptibles d'être vaporisés par chauffage sans décomposition (ARPINO *et al.*, 1995). La CPG est la technique usuelle dans l'analyse des huiles essentielles. Elle permet d'opérer la séparation de composés volatils de mélanges très complexes et une analyse quantitative des résultats à partir d'un volume d'injection réduit (ARPINO *et al.*, 1995).

Pour chacun des composés, deux indices de rétention polaire et apolaire, peuvent être obtenus. Ils sont calculés à partir des temps de rétention d'une gamme étalon d'alcanes ou plus rarement d'esters méthyliques linéaires, à température constante «indice de Kovacs» (KOVACS, 1965) ou en programmation de température «indice de rétention» (VAN DEN DOOL *et al.*, 1963). Ils sont ensuite comparés avec ceux des produits de références (mesurés au laboratoire ou décrits dans la littérature). Toutefois, il est fréquent d'observer des variations, parfois importantes, lorsque l'on compare les indices de rétention obtenus au laboratoire et ceux de la littérature (en particulier sur colonne polaire). C'est pourquoi la comparaison des indices sur deux colonnes de polarité différente est malgré tout, ceci ne peut suffire à une bonne identification, sans l'apport du couplage entre la CPG et une technique d'identification spectroscopique: en général la spectrométrie de masse (CPG/SM) ou plus rarement la spectrométrie, infrarouge par transformé de Fourrier (FTIR). La combinaison de ces deux techniques complémentaires, est applicable à l'analyse d'un grand nombre de substances organiques, aussi bien gazeuses que liquides.

b: Le couplage CPG/SM

Le couplage CPG/SM en mode impact électronique (SM-IE) est la technique la plus utilisée dans le domaine des huiles essentielles. Il permet de connaître, dans la grande majorité des cas, la masse moléculaire d'un composé et d'obtenir des informations structurales relatives à une molécule à partir de sa fragmentation (LONGEVIALLE, 1981 et CONSTANTIN, 1996). Dans la source d'ionisation les molécules sont bombardées à l'aide d'électrons, conduisant ainsi à la formation des ions en phase gazeuse. Les ions sont ensuite dirigés vers la partie analytique de l'appareil. Il existe plusieurs analyseurs de masse mais les plus utilisés pour l'analyse des huiles essentielles sont le « quadripôle » et le « piège à ion » ou « ion trap ».

c : La microextraction en phase solide (**SPME**)

La SPME est une technique qui permet de prélever facilement un extrait des composés volatils présents dans les aliments, l'environnement ou les échantillons chimiques. Certains auteurs l'ont aussi appliquée à l'analyse des arômes de végétaux (VEREEN *et al.*, 2000 et MILLER, 1996). Le principe de cette technique est la mise en contact d'une phase solide absorbante avec l'échantillon à analyser afin que les produits volatils s'y concentrent. La phase solide est ensuite introduite dans l'injecteur d'une CPG dans lequel se produit une désorption thermique provoquant le passage des produits dans la colonne capillaire, donc leur séparation puis leur analyse par le détecteur. Plus récemment a été développée une méthode sans colonne capillaire, dans laquelle les substances volatiles sont directement désorbées dans un détecteur à ionisation de flamme puis quantifiées (BENE *et al.,* 2001).

La SPME est une technique intéressante lorsqu'il s'agit de réaliser une analyse qualitative rapide mais, à l'image de la technique de l'espace de tête, le dosage des constituants n'est pas toujours reproductible (VEREEN *et al.*, 2000). CZERWINSKI *et al.* (1996) ont cependant développés une procédure pour déterminer et quantifier le β-pinène, le β-myrcène, le limonène et le menthol dans des plantes aromatiques. L'analyse des composés est réalisée par CPG-SM et le dosage est effectué à l'aide de courbes de calibration réalisées à partir d'échantillons authentiques, directement sur l'appareillage CPG-SM; les auteurs obtiennent ainsi une assez bonne précision des mesures.

d- Le couplage chromatographie en phase gazeuse-spectrométrie de masse (CPG-SM)

Les premiers appareils de routine CPG-SM à colonnes capillaires sont apparus en 1975. Cette méthode de couplage a de nombreuses applications dans les domaines de l'agroalimentaire (nourriture, eau), des produits pétroliers (carburants, matières synthétiques), des produits naturels (cosmétologie, médecine) (McLAFFERTY *et al.*, 1992). Dans le secteur particulier des huiles essentielles, la CPG-SM est aujourd'hui la technique la plus utilisée pour l'identification des constituants.

- Principe général

Il existe différents types de spectromètres de masse qui ne diffèrent que très légèrement dans leur principe et que l'ont peut décrire de façon identique dans une très large mesure.

Les composés séparés par CPG sont introduits dans le spectromètre de masse où ils sont dissociés en fragments ionisés. Il existe deux sources principales d'ionisation des substances: l'impact électronique (IE) et l'ionisation chimique (IC). Dans le premier cas, les molécules du composé individualisé sont bombardées par un faisceau d'électrons dont l'énergie est généralement de 70 eV; il se forme d'abord des ions radiculaires mono chargés qui se fragmentent ensuite sous l'effet de l'excédent de leur énergie interne. Le principe de la fragmentation est largement décrit dans la littérature (Mc LAFFERTY *et al.*, 1993). Dans le second cas, l'utilisation d'un gaz va permettre d'ioniser les molécules de façon plus douce, suivant le gaz employé, l'ionisation sera positive ou négative. Les gaz les plus couramment utilisés pour effectuer une ionisation chimique positive (ICP) sont le méthane, l'isobutane ou l'ammoniac, tandis que pour réaliser une ionisation chimique négative (ICN) il est fréquent d'utiliser un mélange de protoxyde d'azote et de méthane.

L'ionisation chimique donne accès à la masse moléculaire des composés, ce qui n'est pas toujours le cas en mode impact électronique. Dans l'étape suivante, les ions formés par impact électronique ou ionisation chimique sont filtrés par une combinaison de champs électriques ou magnétiques dans un analyseur, selon le rapport m/z de leur masse à leur charge. Il existe plusieurs analyseurs mais les plus courants dans l'analyse des huiles essentielles sont le quadripôle, constitué de quatre électrodes parallèles de section cylindrique, et le piège à ion, encore appelé «ion trap», dans lequel ont lieu à la fois l'étape d'ionisation des molécules de l'échantillon et l'analyse de la masse des ions (VERNIN *et al.* 1992).

Par la suite, le faisceau d'ions ayant traversé l'analyseur de masse, doit être détecté et transformé en un signal utilisable. Les détecteurs les plus courants sont les chaneltrons (multiplicateurs d'électron) et les photomultiplicateurs; ils convertissent les impacts ioniques en signaux qui sont enregistrés par un ordinateur. Les fragments ioniques forment alors un spectre de masse caractéristique du composé. L'identification se fera par comparaison de ce spectre avec ceux de molécules de références contenus dans une bibliographie commerciale en édition traditionnelle (JOULIN *et al.*, 1998; Mc LAFFERTY et *et al.*,1989 et ADAMS, 1989), informatisée (Mc LAFFERTY *et al.*, 1994 et NIST 1996) ou bien élaborée dans des conditions analytiques du laboratoire. Les principes de fonctionnement ces appareillages sont largement décrits dans la littérature (PEYRON, 1992 et De HOFFMAN *et al.*, 1999).

II.5 - L'identification des constituants d'une huile essentielle: méthodologie d'analyse

L'identification fine des constituants d'une huile essentielle est une opération très délicate qui nécessite l'utilisation, l'adaptation et le perfectionnement constant des techniques d'analyses, ainsi que la mise en œuvre d'une méthodologie d'analyse rigoureuse (Figure II.1). Une huile essentielle, brute ou fractionnée, est analysée simultanément par CPG et par

CPG-SM. Le calcul des indices de rétention, polaires et apolaires, et la quantification des composés sont effectués par CPG. L'analyse par CPG-SM, quand à elle, permet d'accéder aux spectres de masse des différents constituants des huiles essentielles qui sont ensuite comparés aux spectres de masse répertoriés dans des bibliothèques (Joulain,, Wiley, Adams et Nist), l'une élaborée au laboratoire (User) et les autres, commerciales, en éditions traditionnelles ou informatisées (JOULIN *et al.*, 1998; Mc LAFFERTY *et al.*, 1989; Mc LAFFERTY *et al.*, 1994; Adams, 1995 et NIST, 1996). Dans le cas des bibliothèques informatisées, chaque proposition du logiciel de comparaison des spectres de masse est assortie d'une note de concordance qui reflète la validité de la structure proposée. Si la note de concordance du constituant proposé par le logiciel est correcte, on compare ses indices de rétention à ceux présents dans une bibliothèque élaborée au laboratoire (User), ou dans des bibliothèques commerciales (JOULAIN, 1998; JENNINGS, 1980 et ADAMS, 1995. Toutefois, on ne se limite pas simplement à la note de concordance; on procède systématiquement à l'examen du spectre de masse du composé recherché afin d'en tirer les principales informations: la masse de l'ion moléculaire M+, les pertes caractéristiques (M-15, M-18..) ou encore la mise en évidence de co-élutions éventuelles. A ce stade, trois approches différentes (a,b,c) sont envisagées (BIANCHINI, 2003).

(a), les données spectrales du composé et ses indices de rétention sont présents dans les bibliothèques de spectres de masse et d'indices de rétention élaborées au laboratoire (User). L'identification du composé est donc réalisée sans ambiguïté. La structure du composé identifié peut éventuellement être confirmée par RMN du carbone-13; notamment dans le cas où les composés proposés par les banques présentent des spectres de masses quasi identiques et des indices de rétention très proches.

(b), les données spectrales et les indices de rétention du composé sont absents de nos bibliothèques User mais sont présents dans les bibliothèques commerciales. Dans ce cas nous essayons de vérifier, par une étude des fragmentations principales, si le spectre de masse du produit proposé est en accord avec la structure de ce dernier. Cette approche mécanistique est complétée soit par une étape d'hémisynthèse, soit par la mise en ouvre de la RMN du carbone-13.

(c), les données spectrales et les indices de rétention du composé sont absentes des différentes bibliothèques que nous possédons. Deux solutions sont alors envisageables: soit le composé recherché est présent dans l'une des banques de RMN, auquel cas il est identifié sans ambiguïté, soit le composé est absent des bibliothèques de RMN, auquel cas nous appliquons le schéma classique de purification du composé, complété par une étude structurale par RMN du carbone-13 et du proton.

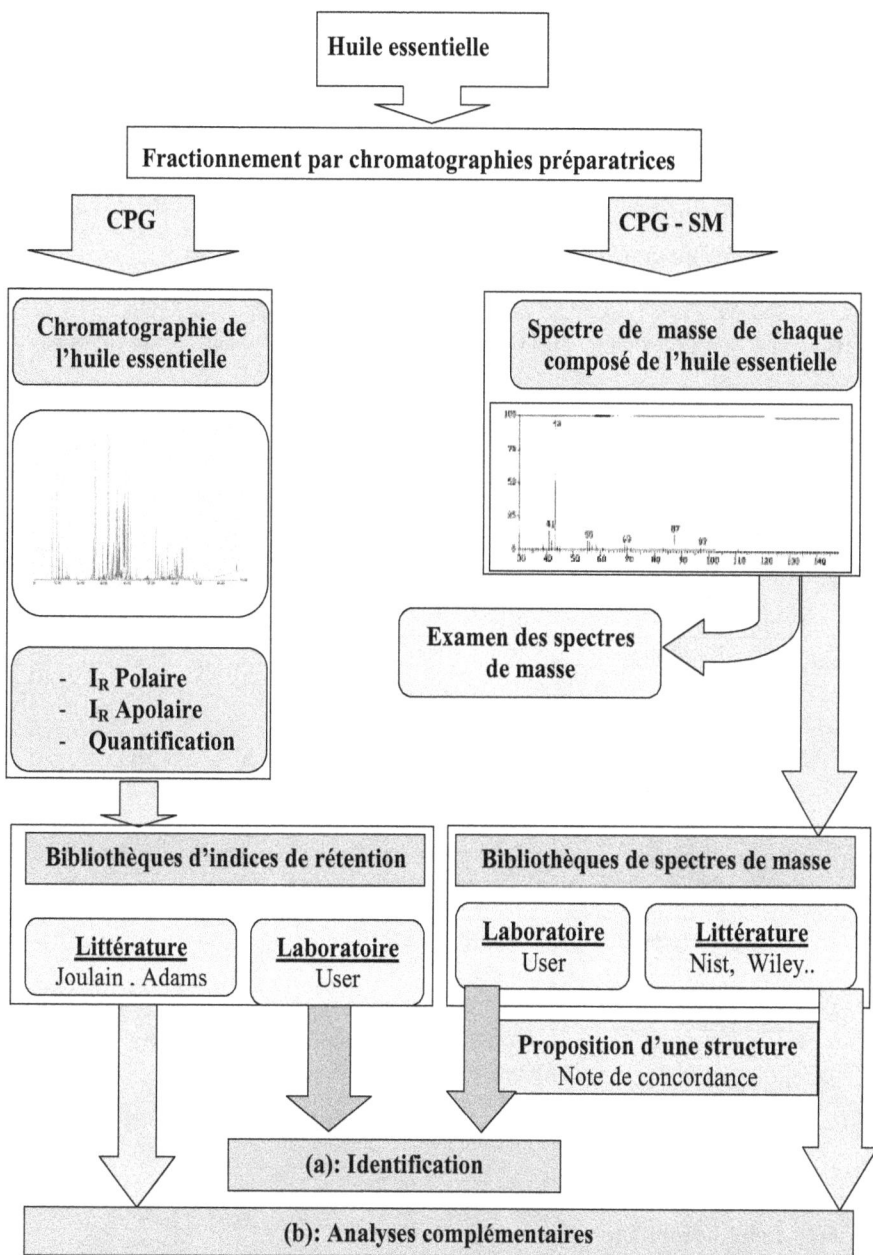

Figure II.1: Identification des constituants d'une huile essentielle par combinaison des techniques de CPG et de CPG-SM (BIANCHINI, 2003).

II.6 - Matériels et méthodes

II.6.1 - Origine des échantillons de l'Origan

Au cours de ce travail les échantillons de l'Origan ont été récoltés durant trois périodes (mai - juin – juillet: 1998, 2002 et 2003) provenant de différentes stations (Figure II.2). Le nombre total des échantillons est de 27 (Tab. II. 1):

Tableau II.1: Origine des échantillons de l'Origan

Période	N°	Lieu dit	Communes	Nombre d'échantillon par wilaya	Wilaya	Code
1998	01	Ouled Iych	Ain El Kebira	04	Sétif	01/98
	02	Megress	Ain Abassa			02/98
	03	Anini	Ain Roua			03/98
	04	Tafet	Bougâa			04/98
2002	01	Bouandas	Bouandas	05	Sétif	01/02
	02	Ain El Kebira	Ain El Kebira			02/02
	03	Ain Roua	Ain Roua			04/02
	04	Tebakha	Bougâa			05/02
	05	Babor	Babor			06/02
	06	Kherrata	Kherrata	01	Béjaïa	03/02
2003	01	Bouhatem	El K'Ser	2	Béjaïa	01/03
	02	Kefridat	Teskriout			06/03
	03	Zeribet El Oued	Biskra	1	Biskra	02/03
	04	Bordj El Ghadir	Bordj el Ghadir	1	BBA	07/03
	05	Ouanougha	Ouanougha	1	M'sila	17/03
	06	Megress	Ain Abassa	12	Sétif	03/03
	07	Matrouna				04/03
	08	Barrage				05/03
	09	Beni Mouhli	Beni Mouhli			08/03
	10	Bouandas	Bouandas			09/03
	11	Trounna	Ain Roua			10/03
	12	El Rouss				11/03
	13	Hamzat	Bougâa			12/03
	14	El Guetar				13/03
	15	El Gueragueria	Hammam El Guergour			14/03
	16	Ain Touila	Ain El Kebira			15/03
	17	D'Hamcha				16/03

II.6.2 - Echantillonnage

La méthode de récolte des échantillons de l'Origan a pris en compte, les paramètres nessaissaires comme: la période de floraison (de mai à juillet), le séchage et la conservation. En outre, plusieurs peuplements d'Origan sur des surfaces, expositions et topographies variées, ont été récoltés en quantité nécessaire pour extraire les huiles essentielles (HE) existant dans l'espèce à étudier.

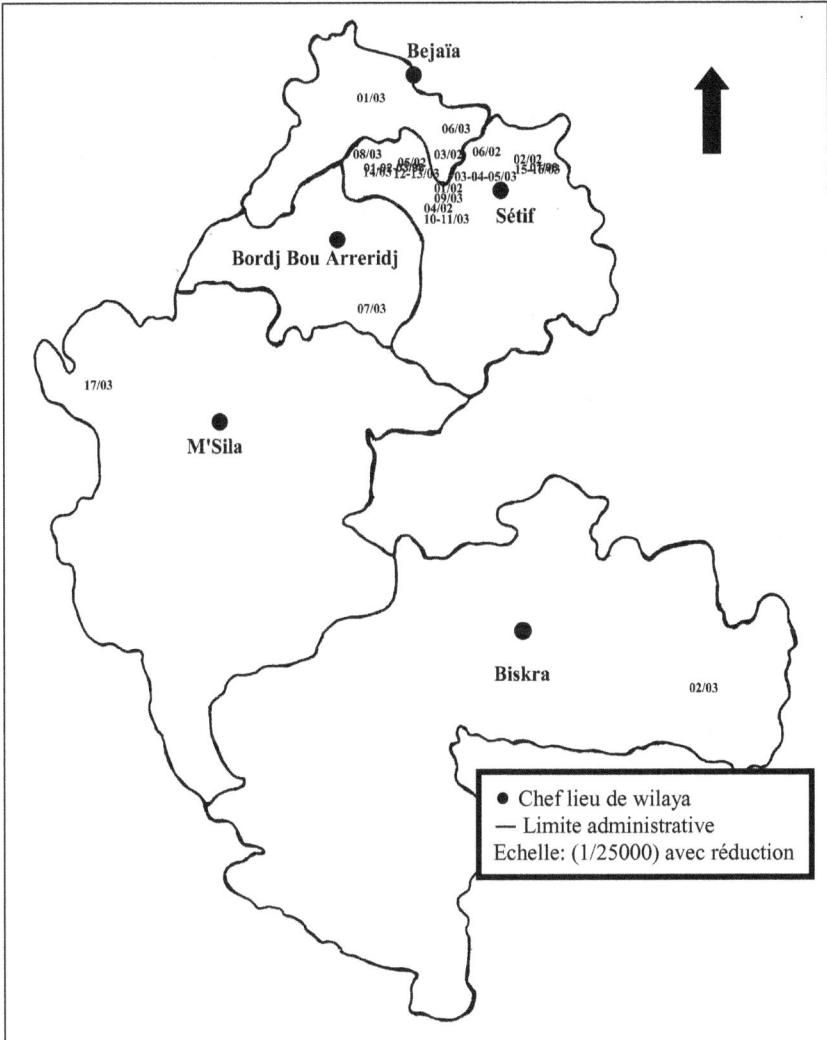

Figure II.2: Localisation des échantillons d'Origan récoltés dans la zone d'étude

II.6.3 - Conservation

L'Origan fraîchement récolté, est laissé sécher à l'ombre dans un endroit sec et aéré. Les organes utilisés (tiges, feuiles et inflorescences) sont broyés et mis dans des sacs en papiers de 250 grammes.

II.6.4 - Extraction des huiles essentielles

II6.4. 1- Méthode classique

L'extraction des huiles essentielles a été effectuée par un appareil de distillation de type Clévenger, constitué d'un ballon de deux litres, surmonté par une colonne. L'hydrodistillation de chaque échantillon dure environ trois heures. Ce type d'extraction est le plus souvent employé pour l'extraction des huiles essentielles des plantes aromatiques. Chaque échantillon (100 gr. de poudre) a été analysé ; le nombre total est 27 extractions. Les teneurs en huiles essentielles sont exprimées en fonction d'HE / 100 gr. de matière sèche.

II.6.4.2 – Méthode de lavage basique

L'HE a subit quatre lavages successifs, par: pentane, pentane - eth$_2$O (95%-5%), cyclohexane – eth$_2$O (80%-20%)et en fin par eth$_2$O), préparation de 15gramme de Carbonate de Sodium dans 200 ml pour la neutralisation basique (la formule ci-dessous) et deux lavages avec la saumure (100 ml pour la fraction 1 et 2).

> **Calcul de neutralisation basique** = M HE / M Thymol **X** M Carbonate de Sodium
>
> M: Masse
> HE: Huile essentielle

II.6.4.3 - Méthode SPME

La SPME est une technique d'extraction développée en 1997 par PAWLISZYN (Solid Phase Micro Extraction). Le principe (Figure II.3) est l'extraction des composés à partir d'échantillons volatils à l'aide d'une seringue comportant à son extrémité une fibre en silice fondue recouverte d'un polymère. La technique permette d'extraire les composés à partir d'échantillons solides, liquides ou gazeux. L'échantillon est placé dans un vial où un équilibre va s'établir, une fois le vial scellé, entre l'échantillon et l'espace de tête, une fois la fibre introduite, l'équilibre va s'établir entre ce dernier et l'espace de tête. La désorption des composés va se fait en exposant la fibre dans l'injecteur d'un chromatographe.

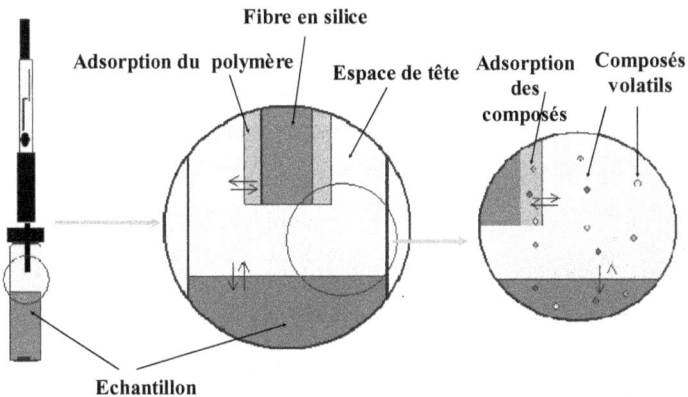

Figure II. 3: Principe de la Technique de la SPME (PALISZYN, 1997)

II.6. 5- Analyses chromatographiques

II.6.5.1- Chromatographie en phase gazeuse

Les analyses chromatographiques en phase gazeuse ont été réalisées au laboratoire à l'aide d'un chromatographe Hewlett-Packard Model 5890 équipé d'un détecteur à ionisation de flamme (FID) couplé avec un intégrateur électronique. Les conditions opératoires sont les suivantes: Colonne capillaire type DB-5 (30m x 0,25mm; épaisseur du film: 0,25µm); gaz vecteur: hélium; injection: mode split avec un rapport de division de 1/100; quantité injectée: 0,1 µl; température de l'injecteur: 250°C; températures du détecteur: 280°C; mode programme de température: de 60 à 220°C avec une élévation de 2C/mn.

II.6.5.2- Couplage CPG-SM

Les analyses par le couplage CPG-SM ont été réalisées avec un appareil de type Hewlett-Packard MS Autosystem, Model 5971 A. Les molécules sont bombardées par un faisceau électronique de 70 eV; température de l'injecteur: 180°C. L'appareil peut analyser une gamme de masse allant de 40 à 400 uma.

II.7- Résultats et discussions

II.7.1 – Teneurs en huiles essentielles

Les HE sont extraites des matériaux végétaux secs (poudre), et les teneurs en HE sont exprimées en ml d'HE par rapports à 100 gr. de matière sèche (ml/100gr). Le rendement étant largement variable d'un échantillon à un autre, lisiblement montré par le Tableau II 2. Ainsi, l'échantillon 04/98 originaire de la station de Tafat (Bougâa), présente la teneur la plus élevée (5%) par contre le plus faible rendement (0.8%) a été enregistré avec l'échantillon 04/02 originaire de la station d'Ain Roua. Cette variabilité du rendement est liée à plusieurs paramètres naturels ou expérimentaux. En outre, les teneurs de nos échantillons comparées aux travaux bibliographiques section *Origanum* montre que l'échantillon 04/98 possède une forte teneur en HE par rapports aux autres échantillons cités (KOKKINI *et al.*, 1991; VOKOU *et al*, 1993; SEZIK, *et al.*, 1993 et SCHEFFER *et al.*, 1996).

Tableau II.2: Les rendements d'HE d'Origan

N°	Code des échantillons	Rendement en (%)
01	01/98	2.3
02	02/98	2.3
03	03/98	3.1
04	04/98	**5.0**
05	01/02	1.0
06	02/02	1.0
07	04/02	**0.8**
08	05/02	1.2
09	06/02	1.0
10	03/02	1.0
11	01/03	1.5
12	02/03	2.4
13	03/03	2.8

14	04/03	1.2
15	05/03	3.0
16	06/03	2.5
17	07/03	1.2
18	08/03	2.2
19	09/03	1.7
20	10/03	2.2
21	11/03	2.6
22	12/03	1.5
23	13/03	1.5
24	14/03	1.2
25	15/03	2.5
26	16/03	2.4
27	17/03	2.5

Rendement est exprimé en ml/100gr. (V/W)

II.7.2 – Identification des HE de la méthode classique (Hydrodistillation)

Les différents constituants des huiles essentielles ont été identifiées par comparaison de leurs spectres de masse avec ceux des composés de basses de données Adams. L'identification des molécules a été confirmée par comparaison de leurs indices de rétention avec ceux connus dans la littérature (ADAMS, 1997). Les indices de rétention des composés ont été calculés grâce aux temps de rétention d'une série n-alcanes avec une interpolation linéaire.

Les Tableaux II.3a (échantillons de l'année 1998), II.3b (échantillons de l'année 2002) et II.3c (échantillons de l'année 2003) regroupent tous les composés que nous avons été en mesure d'identifier. En effet, 40 composés ont été entièrement caractérisés (Tableau II3a et Figure II.8, II.9, II.10, et II.11) et 31composés de même (Tableau II3b et Tableau II3c) et on a ressorti 4 classes de composés: hydrocarbures monoterpéniques, monoterpènes oxygénés, sesquiterpènes et autres (reste des composés), ce qui facilite la comparaison des huiles essentielles de *l'Origanum* vulgare L. ssp *glandulosum* (Desf.) Letswaart

La classe des monoterpènes oxygénés est la plus fortement représentée et s'étend de 58.1 à 92.3%, suivie de la classe d'hydrocarbures monoterpéniques avec une gamme plus étendue de composition (4.5 à 35.7%). Les classes des sesquiterpènes et d'autres (reste des composés) sont moins représentées.

Cependant, toutes les huiles sont caractérisées par la prédominance de quatre composants dites majeurs: à savoir le thymol et le carvacrol appartenant aux monoterpènes oxygénés; le ρ-cymène et le γ-terpinène, parmi les hydrocarbures monoterpéniques. En outre, les différences les plus significatives entre les huiles sont dues à la différence quantitative des quatres composés majeurs, puisque le reste dans les 27 échantillons sont présents à des exceptions rares en dessous de 1%.

Sur la base de ces résultats, les échantillons *d'Origanum* vulgare L. ssp *glandulosum* (Desf.) Letswaart étudiés peuvent être insérés dans le groupe de carvacrol et/ou de thymol, un des groupes dans lesquels les taxons d'Origan ont été subdivisés (KOKKINI, 1996).

Le Tableau II.4 montre le rapport des quatre principaux composés majeurs, dont la teneur varie de 86.9 à 95.2%, ou le thymol est le composant principal dans 15 échantillons, le carvacrol dans 9 échantillons et seulement dans trois cas les deux phénols sont quantitativement comparables. Pour ce qui est des deux hydrocarbures, le ρ-cymène est répandu dans 9 échantillons, le γ-terpinène dans trois, tandis que dans les 15 échantillons restants les deux composants sont présents avec des teneurs semblables.

Cependant, la teneur des deux couples des composés phénols et hydrocarbures est complémentairement due au rapport biosynthétique des quatre monoterpènes, comme précédemment rapporté dans des études semblables (MELEGARI, 1995 et BARATTA, *et al.*, 1998).

Tableau II.3a: Composition chimique des HE (échantillons de 1998)

N° de pic	Classes des composés/ Composés	01/98	02/98	03/98	04/98
	Hydrocarbures monoterpéniques	**35.7**	**31.1**	**27.2**	**21.6**
3	α-Thujène	0.7	0.3	0.6	0.5
4	α-Pinène	0.6	0.5	0.6	0.5
5	Camphène	0.1	0.1	0.1	t
6	β-Pinène	0.1	0.1	0.1	0.1
9	β-Myrcène	0.9	1.0	0.8	1.4
10	α-Phellandrène	0.1	0.1	0.1	0.2
11	δ-3-Carène	0.1	t	0.1	0.1
12	α-Terpinène	0.7	1.2	0.7	1.6
13	*p*-Cymène	25.8	15.8	18.8	3.6
14	Limonène	0.3	0.2	0.2	0.2
15	cis-β-Ocimène	0.1	0.1	0.1	0.1
16	γ-Terpinène	6.1	11.6	4.8	13.2
18	α-Terpinolène	0.1	0.1	0.1	0.1
19	Cymenène	0.1	t	0.1	t
	Monoterpènes oxygénés	**58.3**	**63.5**	**66.7**	**73.9**
17	*trans*-Sabinène hydrate	t	0.1	0.1	0.1
20	Linalol	1.1	1.2	1.0	1.0
21	Terpinen-4-ol	0.8	0.6	0.1	0.5
22	*p*-Cymène-8-ol	0.1	t	0.1	t
23	Linalyl proprionate	0.3	0.2	0.3	t
24	α-Terpinéol	0.6	0.5	0.5	0.2
25	*trans*-Dihydro-carvone	t	0.1	0.1	0.4
26	Thymol méthyléther	0.2	0.2	0.2	0.1
27	Carvacrol méthyléther	0.2	0.2	0.4	0.2
28	Thymol	36.7	37.8	10.7	7.7
29	Carvacrol	18.3	22.6	53.2	63.7
	Sesquiterpènes	**2.7**	**2.9**	**2.0**	**3.2**
30	*trans*-Caryophyllène	0.8	1.1	0.7	1.3

31	α-Bergamotène	t	t	t	t
33	α-Humulène	t	0.1	t	0.1
34	*trans*-β-Farnesène	t	t	t	0.1
35	α–Curcumène	t	t	t	t
36	β-Bisabolène	0.5	0.5	0.3	0.4
37	δ-Cadinène	t	t	t	0.1
38	β-Sesquiphellandrène	0.7	0.8	0.5	1.0
39	*cis*-α-Bisabolène	t	t	t	0.1
40	Caryophyllène oxide	0.7	0.4	0.5	0.1
	Autres (restes des composés)	**0.7**	**0.8**	**0.8**	**0.4**
1	Hexanal	0.1	t	t	t
2	3-Heptanone	t	0.1	t	0.1
7	1-Octen-3-ol	0.2	0.3	0.2	0.2
8	3-Octanone	0.1	0.2	0.1	0.1
32	4,7,7-Trimethybicyclo[3.3.0]octan-2-one	0.3	0.2	0.5	t

t: traces <0.05   Composés identifiés sur colonne DB – 5

Tableau II.3b: Composition chimique des HE (échantillons de 2002)

N°de pic	Classe des composés/ Composés	01/02	02/02	03/02	04/02	05/02	06/02
	Hydrocarbures monoterpéniques	**18.4**	**4.5**	**9.7**	**4.6**	**10.7**	**13.1**
2	α-Thujène	0.1	t	t	t	0.1	0.3
3	α-Pinène	0.4	0.1	0.1	0.1	0.2	0.3
4	Camphène	0.1	t	t	t	0.1	t
5	β-Pinène	0.1	t	t	t	t	t
8	β-Myrcène	0.4	0.2	0.2	1.2	0.3	0.4
9	α-Phellandrène	t	t	t	t	t	0.1
10	δ-3-Carène	t	t	t	t	t	t
11	α-Terpinène	0.6	0.3	0.3	0.2	0.4	0.6
12	p-Cymène	10.8	2.4	6.6	1.8	5.2	5.7
13	Limonène	0.3	0.1	0.3	0.1	0.3	0.3
14	γ-Terpinène	5.4	1.3	2.1	1.1	4.0	5.3
15	α-Terpinolène	0.2	0.1	0.1	0.1	0.1	0.1
	Monoterpènes oxygénés	**74**	**91.5**	**84.9**	**62.3**	**82.9**	**80.7**
16	Linalol	0.8	0.5	0.6	0.4	0.6	0.7
17	Endobornéol	t	t	t	t	t	t
18	Terpinen-4-ol	t	t	t	t	t	t
19	p-Cymene-8-ol	t	t	t	t	t	t
20	α-Terpinéol	t	0.3	0.1	0.3	1.6	1.3
21	Thymol méthyléther	0.3	t	0.2	0.1	0.3	0.3
22	Carvacrol méthyléther	0.2	t	0.1	0.1	0.1	0.1
23	Thymol	44.6	25.0	42.0	26.0	41.4	46.5
24	Carvacrol	28.1	65.7	41.9	65.4	38.9	31.8
	Sesquiterpènes	**3.5**	**2.8**	**3.3**	**2.9**	**3.6**	**3.9**
25	β-Caryophyllène	1.2	0.8	0.8	0.8	1.1	1.3
26	α-Humulène	0.1	0.1	t	0.1	0.1	0.1
27	β-Bisabolène	1.0	0.6	1.0	0.9	1.1	1.1
28	δ-Cadinène	t	0.1	t	t	t	t
29	β-Sesquiphellandrène	0.6	0.7	0.6	0.4	0.7	0.8
30	cis-α-Bisabolène	0.2	0.1	0.2	0.3	0.1	0.2
31	Caryophyllène oxide	0.4	0.4	0.7	0.4	0.5	0.4
	Autres (restes des composés)	**0.8**	**0.3**	**0.2**	**0.3**	**0.3**	**0.6**
1	Trans-2-Hexenal	0.1	0.2	t	0.1	0.1	0.2
6	1-Octen-3-ol	0.5	0.1	0.2	0.1	0.2	0.3
7	3-Octanone	0.2	t	t	0.1		0.1

t: traces <0.05   Composés identifiés sur colonne DB – 5

Tableau II.3c: Composition chimique des HE (échantillons de 2003)

N° de pic	Classes des Composés/ Composés	01/03	02/03	03/03	04/03	05/03	06/03	07/07	08/03	09/03	10/03	11/03	12/03	13/03	14/03	15/03	16/03	17/03
	Hydrocarbures Monoterpéniques	**35.1**	**23.1**	**31.4**	**8.4**	**21.0**	**36.4**	**10.1**	**22.8**	**14.2**	**14.0**	**11.4**	**16.8**	**23.6**	**5.3**	**19.6**	**8.4**	**32.6**
2	α-Thujène	0.6	0.5	0.7	0.1	0.4	0.7	0.2	0.4	0.1	0.2	0.2	0.3	0.3	0.1	0.4	0.1	0.7
3	α-Pinène	0.6	0.5	0.6	0.2	0.4	0.7	0.2	0.3	0.4	0.3	0.2	0.5	0.5	0.2	0.4	0.2	0.6
4	Camphène	0.1	0.1	0.1	t	t	0.1	t	t	0.1	t	t	0.1	0.1	t	t	t	0.1
5	β-Pinène	0.1	0.1	0.1	t	0.1	0.1	t	0.1	0.1	t	t	0.1	0.1	t	t	t	0.1
8	β-Myrcène	1.0	1.0	1.3	0.4	0.8	1.3	0.3	0.7	0.5	0.5	0.5	1.0	0.9	0.3	0.7	0.3	1.5
9	α-Phellandrène	0.1	0.1	0.1	t	0.1	0.2	t	0.1	0.1	0.1	0.1	0.1	0.1	t	0.1	t	0.2
10	δ-3-Carène	t	t	t	t	t	t	t	t	t	t	t	t	t	t	t	t	t
11	α-Terpinène	1.2	1.1	1.2	0.4	0.9	1.6	0.6	1.3	0.7	0.7	0.6	0.9	1.2	0.4	1.0	0.4	2.0
12	p-Cymène	18.5	8.9	14.6	3.6	10.2	17.3	3.8	4.8	7.0	5.9	4.4	6.7	9.5	1.7	7.3	3.7	8.0
13	Limonène	0.5	0.5	0.8	0.2	0.6	0.6	0.2	0.5	0.5	0.5	0.3	0.4	0.4	0.1	0.2	t	0.6
14	γ-Terpinène	12.4	10.2	11.7	3.3	7.4	13.7	4.8	14.5	4.9	5.7	5.1	6.7	10.4	2.4	9.4	3.3	18.7
15	α-Terpinolène	0.1	0.1	0.2	0.2	0.1	0.1	t	0.1	0.1	0.1	t	0.1	0.1	0.1	0.1	0.1	0.1
	Monoterpènes Oxygénés	**59.5**	**72.1**	**64.0**	**88.5**	**76.4**	**58.1**	**85.7**	**73.9**	**81.2**	**83.0**	**85.3**	**80.2**	**71.5**	**92.0**	**76.4**	**88.3**	**62.6**
16	Linalol	0.8	0.7	0.6	0.4	0.6	0.7	0.6	0.7	0.6	0.6	0.6	0.9	0.8	0.5	0.6	0.4	0.7
17	Endobornéol	t	t	t	t	t	t	t	t	t	t	t	t	t	t	t	t	t
18	Terpinèn-4-ol	t	t	t	t	t	t	t	t	t	t	t	t	t	t	t	t	t
19	p-Cymène-8-ol	t	t	t	t	t	t	t	t	t	t	t	t	t	t	t	t	t
20	α-Terpinéol	0.1	0.6	t	0.2	0.4	0.3	0.5	0.4	0.4	0.3	0.4	0.5	0.4	0.3	t	0.5	0.5
21	Thymol méthyléther	0.1	0.2	0.1	0.3	t	0.4	0.2	0.2	0.2	0.1	0.1	0.1	0.2	0.1	t	0.1	0.2
22	Carvacrol méthyléther	0.1	0.2	0.1	t	t	0.2	0.1	0.2	0.2	0.1	0.1	0.1	0.2	t	t	t	0.2
23	Thymol	44.6	28.8	55.6	73.1	62.6	41.9	51.1	60.0	28.8	62.8	47.3	20.6	31.2	18.5	56.2	58.0	35.7
24	Carvacrol	13.8	41.6	7.6	14.5	12.8	14.6	33.2	12.6	51.0	19.0	36.8	58.0	38.7	72.6	19.6	29.3	25.3
	Sesquiterpènes	**3.0**	**2.4**	**2.6**	**2.4**	**1.6**	**2.6**	**2.9**	**2.4**	**3.0**	**2.1**	**2.1**	**1.2**	**3.3**	**1.8**	**1.7**	**2.0**	**2.9**
25	β-Caryophyllène	0.8	0.8	0.8	0.6	0.5	0.9	0.8	0.7	0.9	0.7	0.7	0.5	1.1	0.6	0.6	0.6	1.1
26	α-Humulène	0.1	0.1	0.3	0.1	0.1	0.1	t	t	0.1	0.1	t	t	0.1	t	t	0.1	0.1
27	β-Bisabolène	1.1	0.7	0.4	0.4	0.3	1.0	0.8	0.7	0.9	0.4	0.4	0.2	0.8	0.4	0.3	0.1	0.9
28	δ-Cadinène	t	t	t	t	t	t	t	t	t	t	t	t	0.5	t	t	t	t
29	β-Sesquiphellandrène	0.5	0.3	0.6	0.7	0.4	0.2	0.8	0.7	0.4	0.5	0.6	0.3	0.2	0.5	0.5	0.4	0.3
30	Cis-α-Bisabolène	t	0.2	0.1	t	0.1	0.1	0.1	0.3	0.3	0.1	t	0.1	0.3	t	t	0.5	0.3
31	Caryophyllène oxide	0.5	0.3	0.4	0.6	0.3	0.3	0.4	0.3	0.4	0.4	0.4	0.2	0.3	0.3	0.3	0.3	0.2
	Autres (restes des composés)	**0.7**	**0.6**	**0.2**	**t**	**0.1**	**1.1**	**0.2**	**0.5**	**0.8**	**0.2**	**0.1**	**0.3**	**0.7**	**0.2**	**0.1**	**0.2**	**0.9**
1	Trans-2-Hexenal	0.1	t	t	t	t	t	t	0.1	0.1	0.1	t	0.1	0.1	0.1	t	0.1	0.1
6	1-Octen-3-ol	0.5	0.4	0.1	t	0.1	0.8	0.2	0.3	0.5	0.1	0.1	0.1	0.4	0.1	0.5	0.1	0.6
7	3-Octanone	0.1	0.2	0.1	t	t	0.3	t	0.1	0.2	t	0.1	0.1	0.2	t	t	t	0.2

Tableau II.4: Teneurs des composés majeurs de l'Origan (échantillons de:1998 - 2002 - 2003)

Composés majeurs / échantillons	p-cymène	γ- terpinène	thymol	carvacrol	Σ des teneurs composés majeurs	autres (reste des composés)
01/98	**25.8**	6.1	36.7	18.3	**86.9**	10.6
02/98	15.8	11.6	37.8	22.6	87.8	10.5
03/98	18.8	4.8	10.7	53.2	87.5	9.2
04/98	3.6	13.2	**7.7**	63.7	87.5	10.9
01/02	10.8	5.4	44.6	28.1	88.9	7.8
02/02	2.4	1.3	25.0	65.7	94.4	4.7
03/02	6.6	2.1	42.0	41.9	92.6	5.5
04/02	1.8	**1.1**	26.0	65.4	94.3	5.8
05/02	5.2	4.0	41.0	38.9	89.1	8.0
06/02	5.7	5.3	46.5	31.8	89.3	9.0
01/03	18.5	12.4	44.6	13.8	89.3	9.0
02/03	8.9	10.2	28.8	41.6	89.5	8.7
03/03	14.6	11.7	55.6	**7.6**	89.5	8.7
04/03	3.6	3.3	**73.1**	14.5	94.5	4.8
05/03	10.2	7.4	62.6	12.8	93.0	6.1
06/03	17.3	13.7	41.9	14.6	87.5	10.7
07/03	3.8	4.8	51.1	33.2	92.9	6.0
08/03	4.8	14.5	60.0	12.6	91.9	7.7
09/03	7.0	4.9	28.8	51.0	91.7	7.5
10/03	5.9	5.7	62.8	19.0	93.4	5.9
11/03	4.4	5.1	47.3	36.8	93.6	5.3
12/03	6.7	6.7	20.6	58.0	92.0	6.5
13/03	9.5	10.4	31.2	38.7	89.8	9.3
14/03	**1.7**	2.4	18.5	**72.6**	**95.2**	4.1
15/03	7.3	9.4	56.2	19.6	92.5	5.3
16/03	3.7	3.3	58.0	29.3	94.3	4.6
17/03	8.0	**18.7**	35.7	25.3	87.7	11.3

43

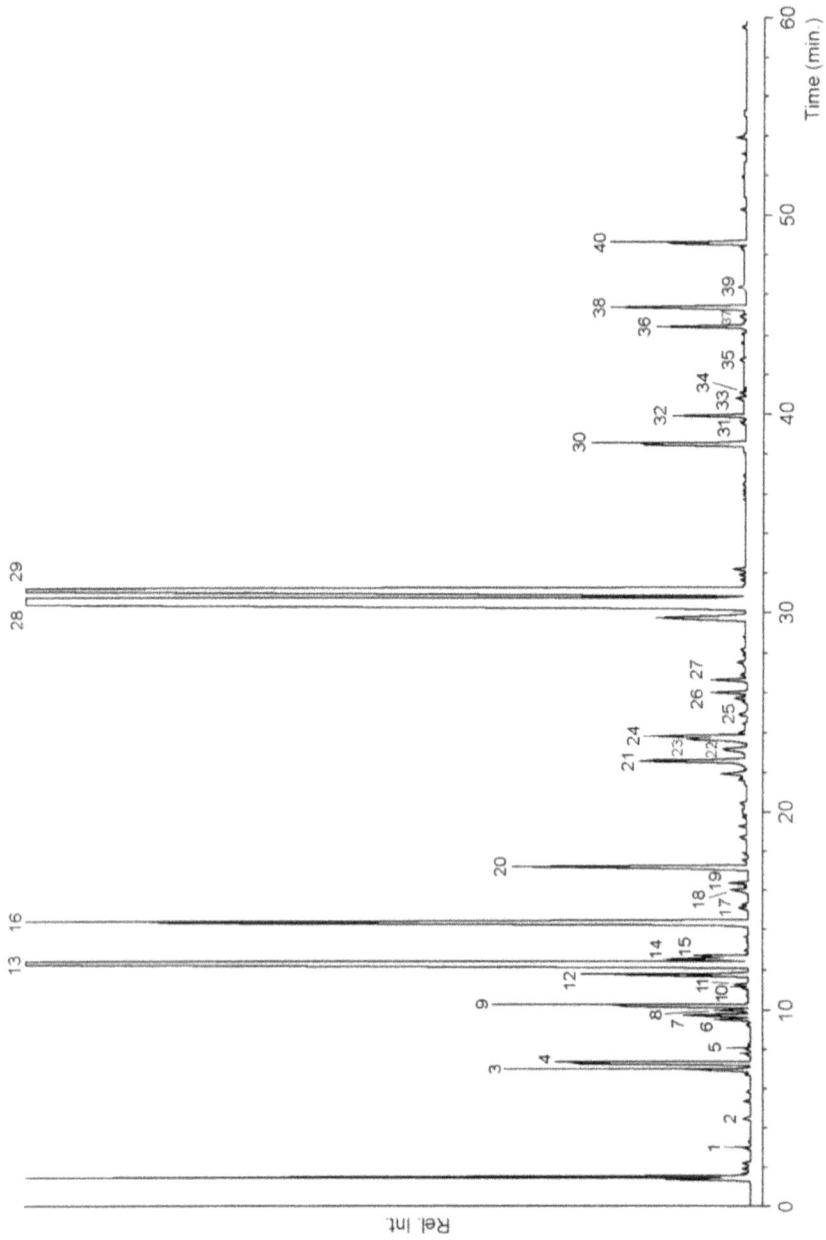

Figure II.8 : Chromatogramme de l'échantillon 01/98 (Méthode classique)

44

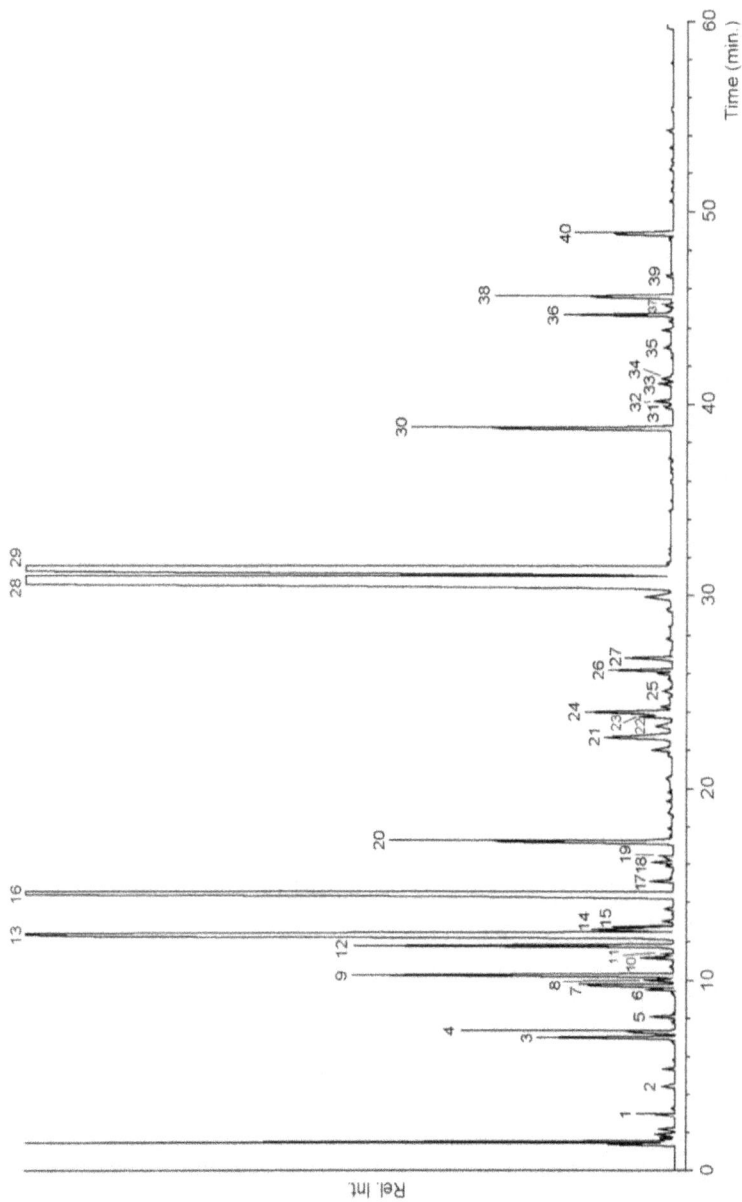

Figure II.9 : Chromatogramme de l'échantillon 02/98 (Méthode classique)

45

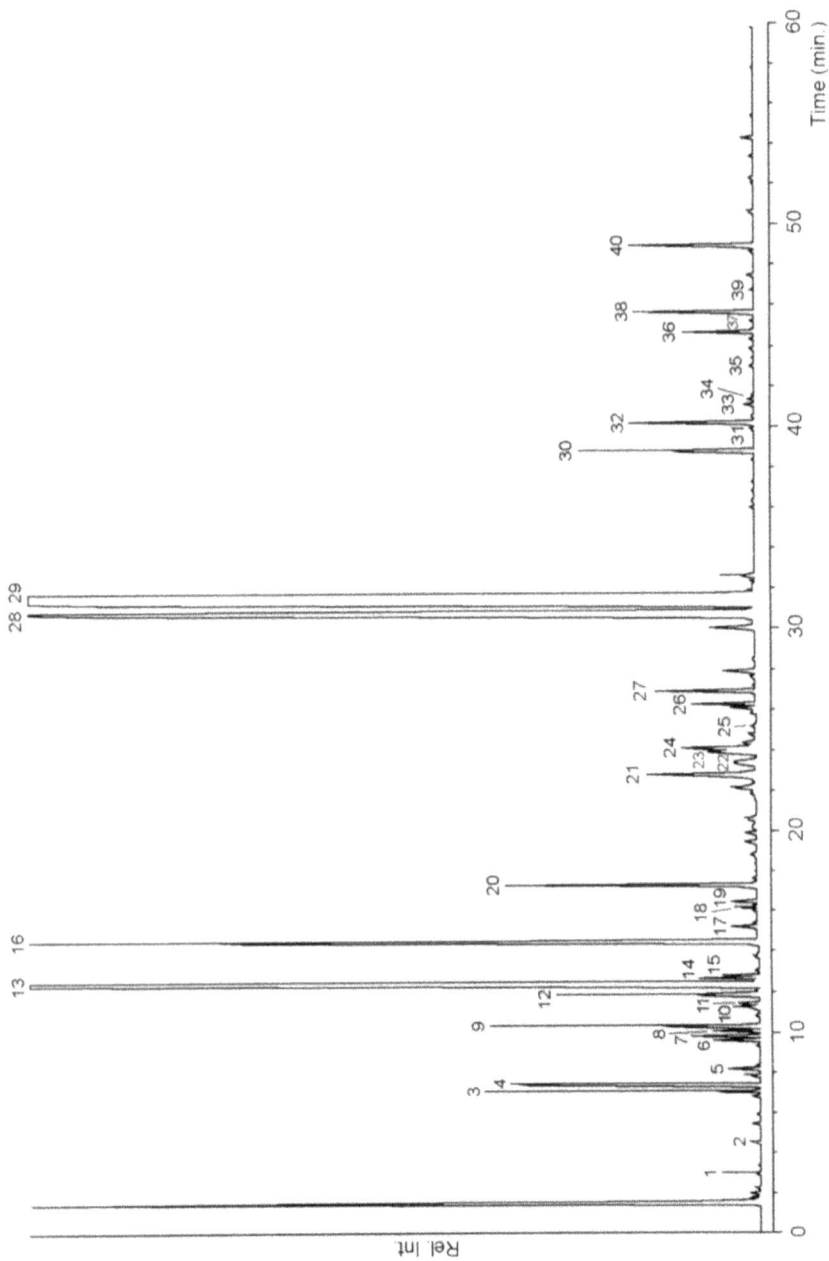

Figure II.10 : Chromatogramme de l'échantillon 03/98 (Méthode classique)

46

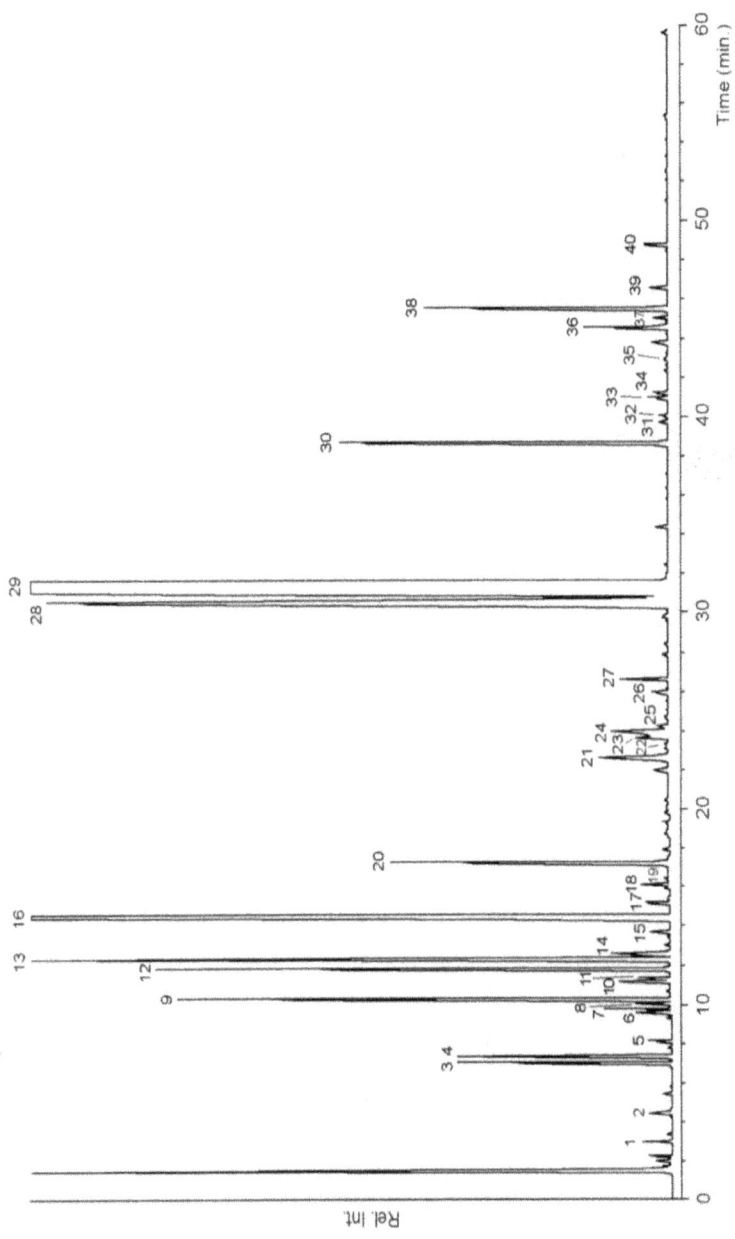

Figure II.11 : Chromatogramme de l'échantillon 04/98 (Méthode classique)

II.7.3 - Identification des HE de la méthode - lavage basique -

La méthode du lavage basique consiste à rassembler les rendements en HE de plusieurs échantillons d'Origan (Tableau II.7), obtenus par la méthode classique d'hydrodistillation.

Tableau II.7: Mixture des rendements des HE d'Origan

N°	Echantillons	Rendement en (%) (V/W)	Rendement total de l'Origan mixte en (%) (V/W)
01	01/98	0.63	
02	02/03	1.53	
03	03/03	1.12	
04	04/03	0.87	**7.59**
05	05/03	1.24	
06	06/03	0.91	
07	07/02	0.65	
08	08/02	0.64	

Le poids de la mixture (ou mélange) de huit (8) HE est de 14.56 gr., est versé dans une colonne de silice (21cm x 40-50mm). Quatre (04) fractions sont obtenues, ces fractions sont passées au rota à vapeur pour désolvatation puis identifiées quant à leur composition en HE.

Fraction	**Solvant**	**Poids**
F1	Pentane	1.89 gr.
F2	Pentane-eth$_2$O	3.92 gr.
F3	Cyclo-hexane-eth$_2$O	6.21 gr.
F4	eth$_2$O	0.55 gr.

L'analyse des HE (Origan mixte: F1, F2, F3 et F4) a été effectuée de la même procédure que les HE obtenues par hydrodistillation. L'identification des constituants des échantillons est basée sur la comparaison des indices de rétention et des spectre de masse avec ceux des composés de références de la littérature (ADAMS, 2001); d'une part, les résultats des analyses par CPG et CPG/SM des HE mixte d'Origan (rendement égal à 7.59%) présentées dans le Tableau II.8, dans lequel les composés identifiés (28 constituants) sont représentés suivant l'ordre classe des composés (Hydrocarbures monoterpéniques, Monoterpènes oxygénés, Sesquiterpènes et autres (restes des composés)). L'HE mixte d'Origan est caractérisée par un taux élevé de thymol (43.08%), carvacrol (28.97%), ρ-cymène (13.51%) et γ-terpinène (7.43%).

D'autre part, l'analyse des fractions (F1, F2, F3 et F4) met en évidence 8 constituants pour les fractions F1, F2 et F4 et 2 constituants pour la fraction F3. Les fractions F2, F3 et F4 présentent des teneurs assez remarquables en thymol (57.38%, 56,15% et 10.08% respectivement) et de même pour le carvacrol (21.18%, 43.85% et 33.11% respectivement) (Tab. II.8); seule la F1 présente une teneur de 52.17% (ρ-cymène) et 31.79% (γ-terpinène); presque 84% d'HE de la fraction une, contre 12.65% de ρ-cymène (F2). Linalol, α-terpiniol, thymol et carvacrol constituent les principaux composés majoritaires d'HE pour la fraction (F4). Un fait mérite d'être souligné, c'est que la fraction (F3) présente à elle-même 2 composés (thymol et carvacrol = alcool) avec une teneur de 100% de la fraction.

Tableau II.8: Composition chimique d'HE d'Origan mixte (**Lavage basique**)

N° de pic	Classes des composés / Composés	Origan mixte (F1)	Origan mixte (F2)	Origan mixte (F3)	Origan mixte (F4)	Origan mixte Total
	Hydrocarbures monoterpéniques	**92.80**	**20.13**	**00.00**	**01.29**	**23.61**
02	α-thujène					0.18
03	α-pinène	1.70				0.49
04	Camphène					t
06	β- pinène					t
07	Myrcène	2.60	0.41			0.58
08	α-phellandrène					0.08
09	Δ-3-carène					t
10	α-terpinène	4.54	0.79			1.03
11	ρ-cymène	52.17	12.65			13.51
12	β-phellandrène					0.09
13	Limonène					0.16
14	γ-terpinène	31.79	6.28			7.43
15	Dehydroparacymène					t
16	Terpinolène				1.29	0.06
	Monoterpènes oxygénés	**00.00**	**79.08**	**100.00**	**72.87**	**73.76**
17	Linalol		0.52		7.29	0.62
18	bornéol				3.36	0.11
19	Terpinène-4-ol				2.80	0.35
20	α-terpiniol				16.23	0.51
21	Methyl thymol					0.12
22	Thymol		57.38	56.15	10.08	43.08
23	Carvacrol		21.18	43.85	33.11	28.97

	Sesquiterpènes	**07.02**	**00.78**	**00.00**	**00.00**	**01.29**
24	β-caryophyllène	3.12				0.54
25	α-humulène					t
26	α-bisabolène	1.90				0.26
27	β-sesquiphyllandrène	2.00				0.28
28	Caryophyllène oxide		0.78			0.21
	Autres (restes des composés)	**00.00**	**00.00**	**00.00**	**02.77**	**00.14**
01	(E)-2-hexenal					t
05	1-octen-3-ol				2.77	0.14

t: traces <0.05   Composés identifiés sur colonne DB – 5

II.7.4 - Identification des HE de la méthode SPME

Une prise d'essai (1.29gr) de l'échantillon 04/03 est analysée avec la technique SPME, la fibre utilisée est de type DVB/CAR/PDMS. La fibre est nettoyée dans un injecteur à une température de 250°C pendant 10 min, la matière sèche en poudre est mise dans un Vial à moitié du volume (espace de tête) fermé par un septum en silicone, incubé à une température égale à 30°C pendant 30 min. Après incubation le septum est pressé afin de laisser la fibre de pénétrer pendant 10 min. et pour permettre l'adsorption et la désorption des composés de l'échantillon. A la fin, la fibre est injectée au CPG-SM pour identification (BENE *et al.*, 2001).

L'analyse quantitative a mis en évidence 24 composés (Tableau II 9). Cependant sur le plan qualitatif quatre composés sont considérés comme particulièrement intéressant: thymol, carvacrol, p-cymène et γ-terpinène. Ces composés représentent à peu près 90.03% de l'HE total. En outre, des composés existent à l'état de traces à savoir linalol, α-terpinéol et (E)-2-hexanal ou à faible teneur qui est de l'ordre 0.86% pour le α-caryophyllène et de 0.09% pour γ-terpinolène et de même pour α-Phellandrène.

Tableau II.9: Composition chimique d'HE (échantillon:03/04) par SPME

N° de pic	Classe des composés / Composés	Echantillon (04/03)
	Hydrocarbures monoterpéniques	**22.19**
2	α-Thujène	0.15
3	α-Pinène	0.43
4	Camphène	0.07
6	β-Pinène	0.06
7	β-Myrcène	0.7
8	α-Phellandrène	0.09
9	α-Terpinène	0.77
10	*p*-Cymène	11.00
11	Limonène	0.16
12	γ-Terpinène	7.50
13	α-Terpinolène	0.09
	Monoterpènes oxygénés	**72.04**
14	Linalol	t
15	Endobornéol	0.14
16	Terpinen-4-ol	0.13
17	α-Terpinéol	t
18	Thymol méthyléther	0.10
19	Thymol	37.66
20	Carvacrol	33.87
	Sesquiterpènes	**2.46**
21	β-Caryophyllène	0.86
22	β-Bisabolène	0.62
23	β-Sesquiphellandrène	0.44
24	Caryophyllène oxide	0.38
	Autres (restes des composés)	**0.16**
3	(E)-2-hexanal	t
7	Octane-1-3-ol	0.16

t: traces <0.05   Composés identifiés sur colonne DB – 5

Comme synthèse et dans le but d'évaluer la comparaison des résultats des huiles essentielles d'Origan issues des trois méthodes étudiées (hydrodistillation, lavage basique et SPME), on note que la méthode classique (hydrodistillation) est habituellement utilisée. Cette dernière a permis d'identifier le plus grand nombre des composés d'HE égal à 40 pour les échantillons d'Origan de l'année 1998 (Tableau.II3a) et 31 composés pour les échantillons d'Origan de l'année 2002 et l'année 2003 (Tableau.II.3b et Tableau.II3c); la deuxième méthode (lavage basique) montre la présence de 28 composés pour l'échantillon Origan mixte (Tableau II.8) et la troisième méthode SPME (PAWLISZYN, 1997) enregistre seulement 24 composés pour l'échantillon 04/03 (Tab II.9). Cependant, d'une manière générale nous pouvons déduire du point de vue quantitatif que la méthode classique est la mieux placée pour identifier un maximum de composés. Par conparaison des travaux de la litérature (KOKKINI, 1996) nos échantillons confirment la qualité de richesse en HE.

Sur le plan qualitative, la composition chimique des huiles essentielles est variable selon les trois méthodes, mais on note d'une part, la prédominance de quatre composés majeurs à savoir le thymol, carvacrol, ρ-cymène et γ-terpiène et d'autre part la classe des monoterpènes oxygénés est la plus fortement représentée et s'étend de 58,1 à 92.3% (Tableau II3a, II3b, II3c, II.8 et II.9) et 100% (Tableau II.8 pour la fraction F3), sont consignés pour les trois méthodes.

De plus, l'hydrodistillation est longue et consomme des quantités assez importantes de matière végétale (100 grammes et 3 heures au minimum), cela présente un obstacle pour toute étude et surtout lorsqu'il s'agit des espèces endémiques ou très rares, malgré que cette dernière révèle après identification un nombre de composés très élevé. Pour qui est du lavage basique, les résultats de l'analyse chimique sélectionné des fractions d'intérêt thérapeutique ou autres, mais cette méthode est très coûteuse du fait qu'elle utilise beaucoup de produits chimiques.

A partir des résultats de cette étude, on peut dire que la méthode SPME est une technique intéressante lorsqu'il s'agit de réaliser une analyse qualitative rapide, elle est la mieux préconisée puisqu'elle consomme moins de matériel végétal, écologique, gain de temps (quelques minutes) et moins de produits chimiques et au même temps donne presque le même résultat que ce enregistré par rapport aux deux méthodes citées, mais à l'image de la technique de l'espace de tête, le dosage des constituants n'est pas toujours reproductible (VEREEN *et al.* 2000).

Chapitre III

Etude de l'activité antioxydante et antiradicalaire des huiles essentielles de l'Origanum vulgare L. ssp glandulusum(Desf.)Letswaart

III.1 – Les Antioxydants

L'oxydation est l'une des causes principales de la détérioration chimique, ayant pour résultat la rancidité et / ou la détérioration de la qualité nutritionnelle, couleur, saveur, texture et sûreté des nourritures (ANTOLOVICH *et al.*, 2002). Plusieurs méthodes sont utilisées pour mesurer les activités antioxydantes des extraits volatils des plantes (DONALD *et al.*, 2001 et ARNAO *et al.*, 1999). Pour évaluer l'activité antiradicalaire ou antioxydante, nous avons utilisé la méthode du DPPH (2,2-phényl-1-picrylhydrazyl) et de TBARS (thiobarbituric acid reactive substances).

Un grand nombre de rapports concernés par l'activité antioxydante ou antiradicalaire de l'huile essentielle d'Origan par rapport à sa composition chimique ont été examinés (KULSIC *et al.*, 2004). En outre, la comparaison des résultats de différentes expériences est souvent compliquée par le fait que l'activité d'une plante spécifique change selon le pays dans lequel elle a été développée (son écologie) (MADSEN *et al.*, 1995; MOLYNEUX, 2004 CAPECKA *et al.*, 2005; et POLITEO et *al.*, 2006).

III.1.1- Définition

Un antioxydant est défini comme étant toute substance qui peut retarder ou empêcher l'oxydation des substrats biologiques (BOYD *et al.*, 2003), ce sont des composés qui réagissent avec les radicaux libres en formant, soit, des produits finis non radicaux, soit, interrompent la réaction en chaîne de peroxydation rapidement avec un radical d'acide gras avant que celui-ci ne puisse réagir avec un nouvel acide gras, tandis que d'autres antioxydants absorbent l'énergie excédentaire de l'oxygène singlet pour la transformer en chaleur (VANSANT, 2004).

III.1.2- Les types d'antioxydants

Les antioxydants ce sont de deux types, l'un endogène et l'autre naturel,

Les antioxydants endogènes sont issus d'un système de défense primaire (composé d'enzyme et de substances antioxydantes, d'une part comme exemple :

- La superoxyde distumase (SOD): diminue la durée de vie de l'anion superoxyde O_2- .
- La catalase: transforme le peroxyde d'hydrogène (H_2O_2) en simple molécule d'eau.
- La glutathion peroxydase (GPx): détruit le peroxyde d'hydrogène et les peroxydes lipidiques.
- Les molécules piégeurs: la glutathion (GSH), l'acide urique, les protéines à groupement thiols, ubiquinone, …etc.

D'autre part, un système de défense secondaire, comme exemple: Composé d'enzymes protéolytiques, des phospholipases, des ADN endonucléase et ligase et des macroxyprotéinases (PINCEMAIL et *al.*, 1998).

Les antioxydants naturels sont plusieurs et variés à savoir: la vitamine E, les caroténoïdes; la vitamine C, l'acide α-lipoïque, des flavonols (catéchine, flavan-3-ols) et certaines huiles volatiles.

III.2 Méthode d'étude de l'activité antioxydante par test TBARS

III.2.1 Matériel et méthode

Le test TBARS est utilisé pour mesurer la capacité du potentiel antioxydant des éléments (WONG et *al.,* 1995), réalisé sur le jaune d'œuf, généralement riche en lipide (NOBLE et *al,.* 1995). Bref, les étapes de la méthode sont représentées selon la figure III.1 ci-dessous:

0,5 ml de Kcl (10%) + Jaune d'œuf

0,1 ml d'HE solubilisé dans le MeOH et ajusté à 1 ml par l'eau distillé

Oxydation		0,05 ml 2,2'-azobis-(2-amidinopropane) dihydrochlorides (ABAP) (007 M) ajouté aux échantillons d'HE

+

1,5 ml d'Acide acétique (20 %) pH	1,5 ml (0,8 %) TBA (Acide Thiobarbiturique)

dans le SDS (1,1%) 'Dodécyl sulfate de sodium'

Chauffage		Mélange chauffé à 95°C pendant 60 mn

Refroidissement		Après refroidissement ajout de 5 ml de butan-1-ol à chaque échantillons

Centrifugation à 3000 tr. pendant 10 mn	⟹ Mesure de l'absorption à 532 nm

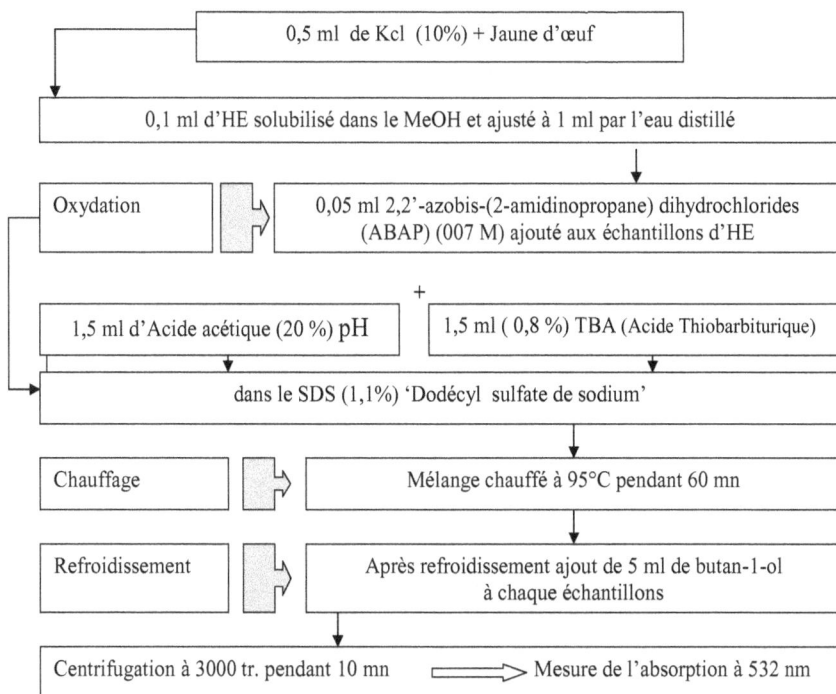

Figure III.1: Schéma directif de la méthode TBARS (Thiobarbituric Acid Reactive Substances)

Le calcul de la capacité d'antioxydant se fait par la formule de DORMAN *et al.* (1995), basée sur le calcul de pourcentage d'indice d'antioxydant AI(%), par lequel montre le changement de degré de chaque (HE: chaque échantillon) lorsque le contrôle de la peroxydation soit complet.

Avec

$$\textbf{IA(\%) = (1-T/C) x 100}$$

T: Valeur d'absorption de l'échantillon à 532 nm.
C: Valeur d'absorption de contrôle d'oxydation.
I : Indice
A: Antioxydation

III.2.2 - Résultats et discussions

L'activité antioxydante des ressources naturels est étudiée sans cesse, et plusieurs plantes aromatiques incluant des espèces d'Origan, ont données des résultats prometteurs (LAGUORI *et al.*, 1993 et BARATTA et *al.*, 1998), poursuivant notre recherche sur l'étude de nouvel antioxydant, l'utilisation de la méthode TBARS est adoptée pour évaluer la capacité protectrice des substances des HE d'Origan.

Le Tableau III.1 énumère les résultats de cette étude, toutes les huiles ont montrées une activité antioxydante protectrice élevée, même à des concentrations basse (100 ppm). Effectivement le comportement des quatre huiles est tout à fait semblable et peut être attribué à la présence de mêmes composées.

En particulier, le quatrième échantillon (Tafat: 04/98) à manifesté a une activité légèrement plus élevé (52,8%), particulièrement à la plus basse concentration (100 ppm), puis peut être expliqué par la teneur la plus élevée des composés actifs dont l'efficacité antioxydante à été récemment montrée en appliquant la même analyse (RUBERTO *et al.*, 2000).

Tableau III.1: Activité antioxydante exprimée en indice antioxydant (IA %) d'HE d'*Origanum* glandulosum Desf. et α-tocopherol et BHT[a]

Echantillon	code	1000 ppm (%)	500 ppm (%)	100 ppm (%)
Ouled Iyche	01/98	63,2 ± 2,8	59,5 ± 0,8	47,6 ± 2,1
Djebel Megriss	02/98	66,2 ± 0,3	59,5 ± 0,4	48,8 ± 1.2
Anini	03/98	66,3 ± 1,4	57,3 ± 3,8	47,8 ± 1,3
Tafat	04/98	67,9 ± 0,6	61,8 ± 1,0	52,8 ± 0,2
α-tocopherol	-	93,5 ± 0,1	89,3 ± 0,9	82,6 ± 0,1
BHT	-	78,6 ± 1,1	71,4 ± 0,2	65,0 ± 2,3

L'indice antioxydant de γ-terpinène, carvacrol et thymol à 100 ppm est 61,6, 59,1 et 25,5 respectivement (il devrait souligner, que l'activité du thymol dépend fortement de la concentration), tandis que ce du ρ-cymène est de 14,9. Cependant, les quantités de ces composants des HE d'*Origanum glandulosum* Desf. a leur efficacité en tant que composés purs dans le model suivi (DORMAN *et al.*, 1995), il semble que les activités d'HE sont élevées que la somme des activités de chaque composant, donc un effet synergique modéré plutôt qu'une action additive de composants, plus actifs doit être considérée.

III.3 Méthode d'étude de l'activité anti radicalaire par test DPPH

III.3.1- Matériel et méthode

III.3.1-1 Matériel chimique

- Les HE essentielles de l'Origan (Echantillons)

- Le 2,2-phényl-1-picrylhydrazyl (DPPH) est un radical stable et qui peut se conserver sous certaines conditions à l'état libre. Sa formule moléculaire est la suivante (Figure III.2) :

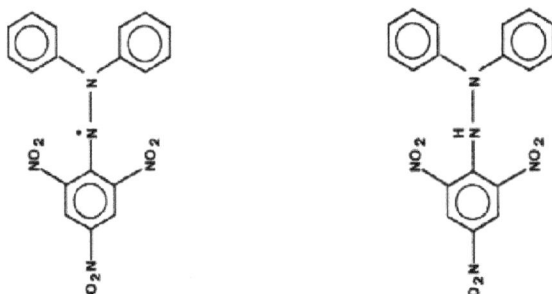

Diphénylpicrylhydrazyl (radical libre) Diphénylpicrylhydrazyl (non radical)

Figure III.2: Forme libre et réduite du DPPH (MOLYNEUX, 2004)

Pour $\lambda = 517$ nm la solution du radical DPPH dans le méthanol est de couleur violette. L'activité d'une substance vis-à-vis du radical DPPH se traduit par un changement de coloration passant du violet au jaune. Il est donc possible de suivre par spectrophotométrie les variations de la densité optique (DO) de la solution alcoolique du radical DPPH en présence de la substance végétale étudiée (ici l'*Origanum* vulgare L. ssp *glandulosum* (Desf.) Letswaart

III.3.2- Méthode de préparation, essai et expressions des résultats du DPPH

a- Préparation de la solution DPPH

Le DPPH 2,2-phényl-1-picrylhydrazyl de formule chimique ($C_{18}H_{12}N_5O_6$) avec M=394.33), est solubilisé dans du méthanol absolu pour en avoir une solution de 2 ml.

b- Solution d'extrait (HE d'Origan)

Pour le test des différents échantillons d'HE ont été préparés par dissolution dans le méthanol absolu (PANICHAYUKARAUT *et al.*, 2004), 25 µl d'HE ajoutés à 5 ml de MeOH (Méthanol) formant un mélange (mixture), et des mesures pris à des intervalles de temps pour voir l'activité antiradicalaire, avec des volumes variables du mélange (HE-MeOH), 10 µl, 15 µl et 20 µl respectivement.

c- Test DPPH (1,1-diphyényl-2-picrylhydrazyl)

L'activité antiradicalaire des huiles essentielles d'Origan a été évaluée par le DPPH (1,1-diphyényl-2-picrylhydrazyl) en suivant un protocole adapté de BRAND-WILLIAMS *et al.* (1995). Des quantités du mélange de 10 µl, 15 µl et 20 µl sont déposées dans des tubes à essai secs et stériles fermés et 2 ml de la solution DPPH est ajoutée au mélange à différentes concentrations (Figure III.3), Ce réactif (DPPH) est un radical stable qui, réduit par des capteurs de radicaux (pouvoir du piégeage), passe du pourpre au jaune, révélant ainsi les composés avec une activité antiradicalaire, et pour chaque concentration, le test est répété 3 fois. La lecture est effectuée par la mesure de l'absorbance (ou densité optique DO) à 515 nm par un spectrophotomètre couplé à un enregistreur qui affiche les différentes valeurs obtenues (Figure III 4 et III 5).

Expression des résultats

Pour obtenir la concentration efficace qui réduit la concentration initiale de DPPH de 50%, aussi bien que la puissance antiradicalaire, les résultats sont exprimés en activité antiradicalaire. L'activité antiradicalaire, qui exprime les capacités de piéger le radical libre est estimée par le pourcentage de décoloration du DPPH en solution dans le méthanol, l'activité antioxydante ''SC_{50} = concentration correspondant à 50% d'inhibition'' est donnée par la formule suivante:

$$\% \text{ inhibition } (SC_{50}) = \frac{\Delta ABS_{DPPH} - \Delta ABS_{DPPH\,(HE)}}{\Delta ABS}$$

Avec une: $ABS_{515nm} = 2$
et
$[DPPH] = 2 \times 10^{-4} M$

Huile essentielle d'Origan
(25 µl)
+
Méthanol (MeOH)
(5 ml)

Mixture (HE et MeOH)

Concentration (HE-HeOH + DPPH)	20µl + 2 ml	20µl + 2 ml	20µl + 2 ml	15µl + 2 ml	15µl + 2 ml	15µl + 2 ml	10µl + 2 ml	10µl + 2 ml	10µl + 2 ml
Tube à essai									
Numérotation	(1)	(2)	(3)	(4)	(5)	(6)	(7)	(8)	(9)

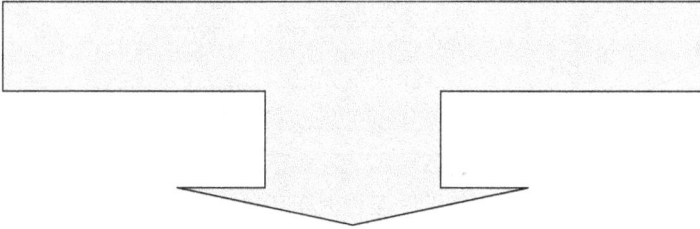

LECTURE DES ECHANTILLONS PAR L'U VISIBLE
avec ABS$_{515\,nm}$ = 2

Figure III.3: Démarche de préparation et calcul de l'activité antiradicalaire

61

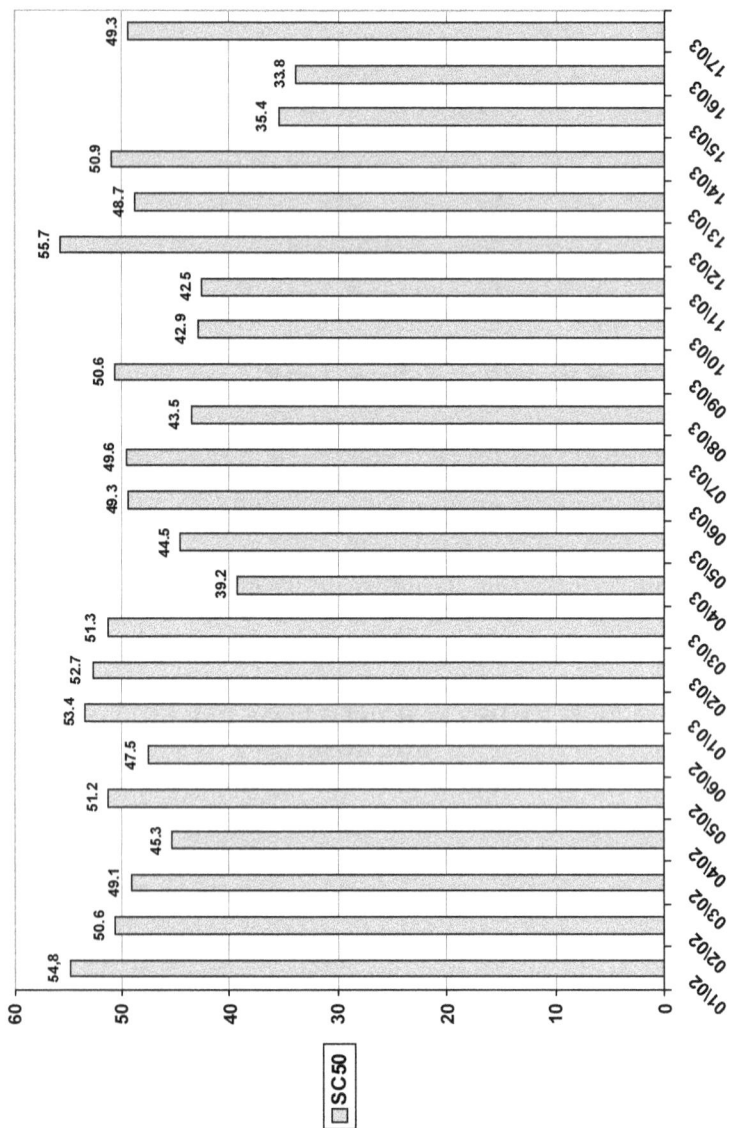

Figure III.4: SC$_{50}$ des échantillons des huiles essentielles d'Origan

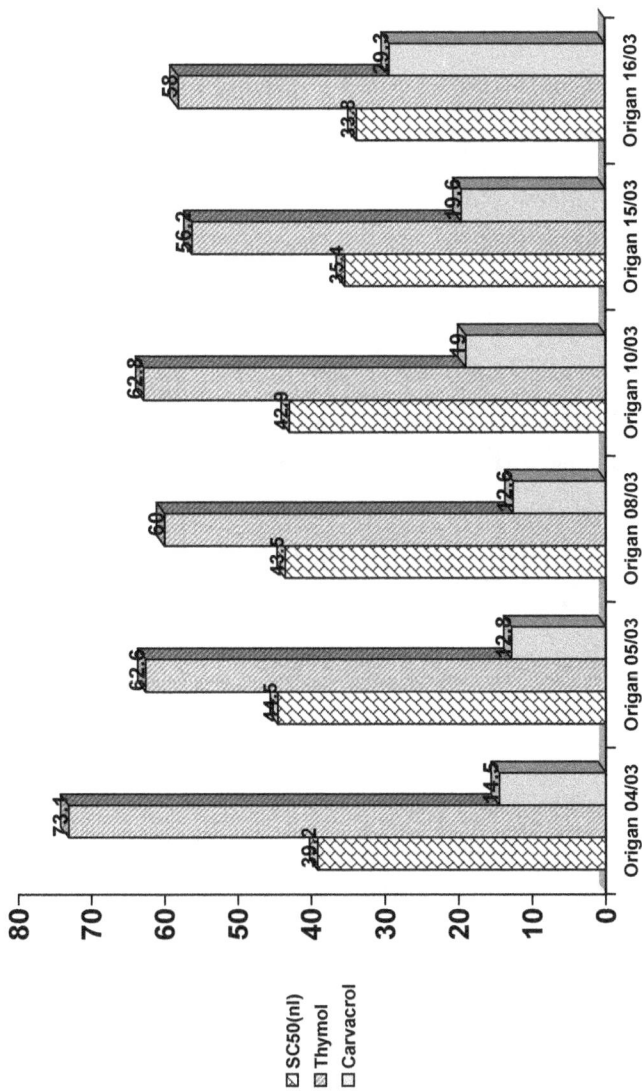

Figure III. 5: Relation entre SC_{50}, thymol et carvacrol

63

III.3.3 Test DPPH (1,1-diphyényl-2 picrylhdrazle)

a- Scavenging activité des HE:

L'activité antiradicalaire d'HE, a été évaluée selon une version modifiée de la méthode de BRAND-WILLIAMS *et al.*, (1995). La concentration initiale de DPPH en MeOH est de 184 µM, était mesurée pour chaque calibrage dans une cuve à une absorption égale à 515 nm pour l'échantillon standard de DPPH à différentes concentrations ; dans une cuvette de quartz (1cm) . L'équation est une courbe déterminée par une régression linéaire: $ABS_{515 nm}= 10865$ [DPPH]. Les HE solubilisées en MeOH, sont ajoutées à 2 ml de DPPH; le mélange a été homogénéisé et incubé pendant 16h à l'obscurité à une température de 25°C. Le mélange ou mixture a été maintenu à l'état d'équilibre avec un spectrophotomètre type Perkin Elmer UV-Visible model Lambda 25.

Pour chaque échantillon d'HE, trois concentrations différentes sont mesurées dont le potentiel radicalaire du DPPH diminu avec le temps, et chaque point à été acquise en triple (trois fois). Les résultats obtenus sont exprimés en pourcentage (%) de la concentration de DPPH des échantillons d'HE solubilisées mis dans la cuvette:

$$\% \text{ DPPH (nl/ml)} = \frac{ABS_0 - ABS}{ABS_0} \times 100.$$

La concentration (nl/ml) de SC_{50} (concentration correspondant à 50% d'inhibition) des HE est exprimée au bout duquel 50% du potentiel radicalaire DPPH initial est atteint dans les conditions expérimentales données.

b- La détermination du facteur stéréochimique du thymol et carvacrol

Le nombre total des radicaux libres de DPPH atteint par une molécule de phénol, c'est à dire le facteur stéréochimique (*n*), a été déterminé en permettant à une petite quantité de phénol de réagir avec un excès de DPPH. Typiquement, à une solution de MeOH-DPPH (184 µM; λ_{max} 515 nm; $\varepsilon = 10865$ $M^{-1}cm^{-1}$), une quantité de 10-50 µl de solution phénolique (carvacrol et thymol 8 mM) est rapidement ajoutée à la solution et incubée à l'obscurité pendant 16 h.

Après, une mesure de l'absorption de la solution a été faite lorsque le pouvoir radicalaire est disparu d'après le calcul de la formule suivante $ABS_0 - ABS_{t=16h}$ Le facteur stœchiométrique a été calculé 10865 divisant le mol/l de DPPH éteint par le mol/l des phénols supplémentaires. Les valeurs sont la moyenne de 9 déterminations pour chaqu'un des phénols.

III.3.4 - Résultats et discussions

Les résultats globaux du test DPPH des HE d'*Origanum* vulgare ssp *glandulosum* (Desf.) Letswwart sont rapportées en Figure III.4. Les valeurs de la SC_{50} obtenues varient de 33,8 - 55,7 nl/ml représentant effectivement un bon antioxydant du model adopté.

De même qu'habituel dans beaucoup d'exemples analogues, il est plutôt difficile de trouver un rapport direct et raisonnable entre l'activité observée et la complexité de la composition des HE analysées. Cependant, il est bien évident que les échantillons avec une activité plus marquée soient ceux avec un taux plus élevé de thymol, à savoir les échantillons: 04/03, 05/03, 08/03, 10/03, 15/03 et 16/03 (Figures III.5), réciproquement les échantillons avec un taux plus élevé de carvacrol montrent décidément une activité plus basse. En outre, le model adopté de DPPH est particulièrement approprie aux phénols (GOUPY *et al.,* 2003), tandis que les autres composés comme, γ-terpinène et ρ-cymène, au moins en conditions expérimentales utilisées ici, l'activité dans le cas échéant est méconnue (données non disponibles). Par conséquent, pour ces raisons effectivement nous avons déterminé l'activité du thymol et du carvacrol dans les mêmes conditions expérimentales décrites pour les HE, mesurant le facteur stéréochimique (n) des deux phénols, à savoir tout le nombre des radicaux de DPPH éliminé par la molécule du phénol.

Chapitre IV

Etude de l'activité antimicrobienne des
huiles essentielles
de l'Origanum vulgare L.
ssp glandulusum(Desf.)Letswaart

IV.1- Pouvoir antimicrobien des HE

L'effet antimicrobien des HE est connu et utilisé depuis longtemps. VALNET *et al.* (1978) ont montré que les HE sont efficaces sur les germes résistants aux antibiotiques et qu'elles ont un spectre d'action très large puisqu'elles inhibent aussi bien la croissance des bactéries que celles des levures et moisissures.

L'activité antifongique des HE a été déjà montrée pour de nombreux travaux. Sur les levures, l'effet antimicrobien des essences de Thym, d'Origan et de Sarriette se traduit par une diminution de la taille des colonies de *Saccharomyces cerivisiae*. De même sur la biomasse et la production de *Pseudomycelium* de certaines levures contaminant les denrées alimentaires (BOUCHIKHI, 1994).

Sur les moisissures, les HE inhibent la germination des spores, l'élongation des filaments mycéliens, la sporulation et la toxinogénèse (BULLERMAN *et al.*, 1977, THOMPSON, 1986, TANTAOUI-ELARAKI *et al.*, 1992; TANTAOUI-ELARAKI *et al.*, 1993b).

Une étude menée par REMMAL (1994) a montrée également un effet antiviral des HE d'Origan et de Girofle sur le virus de la maladie de Newcastle (*Paramyxovirus*) et sur l'Herpes simple.

L'activité antimicrobienne des huiles essentielles est due principalement à leur composition chimique et en particulier à la nature de leurs composés majoritaires (SIMEON de BUOCHBERG *et al.*, 1976).

En effet, il est admis que l'activité antimicrobienne des huiles essentielles se classe dans l'ordre décroissant suivant la nature de leurs composés majoritaires: Phénols > Alcools > Aldéhydes > Cétones > Oxydes > Hydrocarbures > Esters (LEE *et al.*, 1971 et FRANCHOMME, 1981b). L'effet des composés quantitativement minoritaires n'est parfois pas négligeable (LATTAOUI, 1989, TANTAOUI-ELARAKI *et al.*, 1993a).

IV.2- Les principales techniques de déterminations de l'activité antibactérienne des huiles essentielles

La technique utilisée pour déterminer le pouvoir antibactérien des HE a une grande influence sur les résultats. Des difficultés pratiques viennent de l'insolubilité des constituants des HE dans l'eau, de leur volatilité et de la nécessité de les tester à faibles concentrations. Les techniques existantes se répartissent en trois catégories principales.

IV.2.1- Technique en phase vapeur ou méthode des micro-atmosphères

Elle permet d'évaluer l'activité bactériostatistique des essences diffusant dans la micro-atmosphère close contenue entre le couvercle d'une boîte de Pétri et la surface du milieu par la modification de culture observée par rapport à un témoin. Sur le couvercle de la boite est déposé un disque de papier filtre imprégné de l'HE. Les boites sont incubées couvercle en dessous (GRUBB, 1959). La lecture des résultats se fait soit en notant la réduction du nombre de colonies par rapport à la culture témoin (KELLNER et KOBERT, 1956), soit par la mesure des zones d'inhibition de la culture si le disque est placé au centre du couvercle de la boite (MARUZZELLA, 1963 et SARBACH, 1962).

La technique s'applique à des essences pures non dilués, ce qui évite les problèmes liés à leur solubilisation. Seule l'activité de la fraction volatile est déterminée, ce qui présente un intérêt dans le cas des produits destinés à agir par vaporisation.

IV.2.2-Technique de contact direct en milieu liquide

Cette méthode consiste à déposer un disque de papier buvard imprégné d'une quantité déterminée d'HE au fond d'un tube contenant un bouillon de culture ensemencé de bactéries (SARBACH, 1962).

Plus tard, ALLEGRINI et SIMEON de BUOCHBERG (1972) ont dispersés les HE dans une solution de détergent (Twenn 80). MORRIS et *al.* (1979) ont solubilisés les HE dans l'éthanol avant de les introduire dans le bouillon de culture. En faisant varier les concentrations d'HE, on peut déterminer les concentrations minimales inhibitrices (CMI) et, par repiquage on peut déterminer les concentrations minimales bactéricides (CMB).

IV.2.3-Technique de contact direct en milieu solide

Cette méthode est réalisée par diffusion en gélose en utilisant des disques de cellulose imprégnée d'une quantité connue d'HE (antibioaromatogramme) ou par des cavités creusées dans la gélose et remplies d'HE. Après incubation, la lecture des résultats se fait par mesure des diamètres des auréoles d'inhibition obtenues sur la gélose ensemencée en surface par des bactéries. Cette technique est parfois améliorée par l'utilisation de détergents pour faciliter la diffusion de l'HE dans la gélose. Cette méthode est en général utilisée pour la présélection de l'activité antimicrobienne des HE car:

- le diamètre d'inhibition n'est pas une mesure directe de l'activité antimicrobienne des HE car leurs différents constituants ne diffusent pas tous de la même façon dans le milieu gélosé.

- le diamètre d'inhibition varie en fonction de la densité de l'inoculum et de l'épaisseur du milieu de (JANSSEN *et al.*, 1986)

IV.3-Détermination des CMI et CMB par dispersion des HE dans le milieu de culture

La détermination des CMI et CMB par contact direct en milieu gélosé ou liquide, consiste à disperser l'agent antimicrobien en concentration variable de façon homogène et stable dans le milieu de culture du germe étudié (DRUGEON *et al.*, 1991).

Cette détermination est très fiable et reproductible pour les agents antimicrobiens hydrosolubles, elle pose un problème de diffusion et d'homogénéité de dispersion avec les HE qui ont une très faible solubilité dans les milieux de cultures aqueux. Ce problème a été résolu en partie par l'utilisation d'émulsions des HE dans des solutions de différents détergents comme le Tween 20 et le Tween 80 (ALLEGRINI *et al.*, 1973, PELLECUER *et al.*, 1976 BENDJILALI *et al.*, 1986) et de solvants comme l'éthanol

(BEYLIER-MAUREL, 1976, SIMEON de BUOCHBERG, 1976).

L'utilisation des solvants et des détergents permet donc d'avoir une dispersion homogène des HE dans les milieux liquides et une bonne diffusion dans les milieux gélosés, mais elle suscite plusieurs critiques.

L'origine de ces critiques est la difficulté de déterminer le meilleur détergent ou le meilleur solvant et aussi déterminer les bonnes concentrations pour obtenir des CMI et des CMB reproductibles et comparables entre les différents manipulateurs.

IV.4- Matériels et méthodes

IV.4.1- Les huiles essentielles

Les HE utilisées dans cette étude sont celle de l'*Origanum vulgarre* L. ssp *glandulosum* (Desf.) Letswaart dont leurs concentrations sont enregistrées dans le Tableau IV.1. Les huiles essentielles ont été analysées par chromatographie en phase gazeuse couplée à la spectroscopie de masse (GC-MS).

En outre, les huiles essentielles sont classées parmi les cinq majeures possédant les plus grandes activités antimicrobiennes testées par la méthode de l'antibioaromatogramme (JANSSEN *et al.*, 1987).

IV.4.2- Les souches microbiennes

Six souches microbiennes standards provenant de la collection de culture type Américain (ATCC) ont été utilisées: *Escherichia coli* ATCC 25922, *Pseudomonas aeruginosa* ATCC 25853, *Staphylococcus aureus* ATCC 6538, *Enterococus hirae* ATCC 10541, *Candida albicans* ATCC 10231 et *Candida tropicalis* ATCC 20336.

IV.4.3 - Les milieux de culture

Les milieux de culture utilisés sont les bouillons: Muller-Hinton (BMH) et Dextrose de Sabouraud (BDS) (Annexe 2).

IV.4.4 - Les agents de surface

Les détergents utilisés dans ce travail sont le Tween 80 et le Triton 1%

(Merck). L'éthanol absolu utilisé aussi comme agent dispersant.

IV.4.5 - Démarche méthodologique de cette étude

L'étude de l'activité antimicrobienne des HE a été évaluée par la méthode des disques de diffusion en milieu solide et la détermination de la concentration minimale inhibitrice (CMI).

IV.4.5.1- Test antimicrobien

La méthode des disques de diffusion en milieu solide a été utilisée pour la détermination des activités antimicrobiennes des HE de l'étude (NCCLS, 1997). Les inoculums bactériens ont été préparés dans le Bouillon de Muller - Hinton (BMH, Oxoid), à 37°C pendant 16 h, et les inoculums fongiques dans le Bouillon de dextrose Sabouraud (BDS) à 30°C.

Après une nuit, toutes les cultures de bouillons ont été ajustées à 1×10^8 organismes/ml, puis inoculées sur 20 ml de Muller - Hinton Agar (AMH) et ADS pour les bactéries et les champignons avant l'utilisation respectivement.

Des disques de papier filtre (Wattman) de 6mm de diamètre stériles ont été placés sur les milieux en et immédiatement imbibés de 20μl d'HE (dans l'éthanol absolu dilué, 1:50 v/v).

Cinq disques (Quatre disques imbibés d'HE et un de l'éthanol pure comme témoin), ont été placés sur chaque boite de Pétri. Pendant une heure à la température ambiante, les HE ont diffusées à travers l'Agar, après, toutes les boites ont été incubées à 37°C pendant 24h (Bactéries) et 30°C pendant 48 pour les Mycètes.

Le diamètre de la zone d'inhibition de croissance, autour de chaque disque a été alors mesuré (en mm) et enregistré (AURELI *et al.*, 1992).

Afin d'améliorer la solubilité de l'huile, un agent dispersant (Tween 80, Triton), a été ajouté à différentes concentrations (0.1 et 1%), au milieu de croissance ou aux huiles essentielles avant l'inoculation de papier disques. L'essai est effectué en triplicata et dans trois analyses indépendantes.

IV.4.5.2-Détermination de la concentration minimale inhibitrice (CMI)

L'étude de la CMI des HE, a été déterminée par la méthode de micro-dilution du Bouillon, selon les directives établies par «National Committee for Clinical Laboratory Standard» (NCCLS, 1999).

La concentration finale de l'inoculum a été ajustée approximativement à 5 x 105 CFU/ml selon l'échelle de Mac Farland. Des doubles dilutions, 500 à 0,46 µg/ml et 400 à 0,39 µg/ml des HE à étudier ont été préparées simultanément dans le BMH pour les bactéries et dans le BAS pour les champignons.

Les boites de Pétri ont été ensuite incubés à 37°C pendant 24 h pour les bactéries et à 30°C pendant 48°C pour les champignons (Levures). La CMI est déterminée par la plus faible concentration d'HE ayant donnée une inhibition totale de la croissance visible en bouillon (KARAPINAR et AKTUG, 1987; HAMMER *et al.*, 1999; DELAQUIS *et al.*, 2002).Toutes les déterminations ont été répétées trois fois, dans trois essais indépendants.

IV.5- Résultats et discussions

Les HE d'Origan, étaient inhibiteurs de la croissance de toutes les souches microbiennes testées (Figure IV.1), à savoir les bactéries Gram-positifs, et les bactéries Gram-négatifs, ainsi que pour les levures. Le témoin (Alcool absolu) n'a montré aucun effet inhibiteur sur les souches microbiennes utilisées.

Les propriétés antimicrobiennes des HE ont été, en grande partie, attribuées à la présence des composants phénoliques (DORMAN et DEANS, 2000; ULTEE *et al.*, 2002). Le thymol et le carvacrol, par exemple, semblent rendre la membrane de la cellule perméable (LAMBERT *et al.*, 2001) et être légèrement plus actifs contre des bactéries à Gram-positif que les bactéries à Gram-négatif (JULIANO *et al.*, 2000; RUBERTO *et al.*, 2000; CANILLAC et MOUREY, 2001; HARPAZ *et al.*, 2003). On a suggéré que les microorganismes à Gram-négatif puissent être moins sensibles à l'action des HE puisqu'ils possèdent une membrane externe entourant la paroi cellulaire (RATLEDGE et WILKINSON, 1988) qui limite la diffusion des composés hydrophobes à travers ses lipopolysaccharides (VAARA, 1992).

Toutes les souches microbiennes étudiées des HE (bactéries Gram-positifs, bactéries Gram-négatifs et levures), étaient sensibles à l'activité cytotoxique, bien qu'on ne puisse observer aucune différence évidente dans leur sensibilité. Cependant, prises toutes ensemble, les valeurs des zones d'inhibition (mesurées sans addition de Tween 80) et les CMIs présentent l'ordre suivant de la sensibilité aux HE: *C.* albicans $\geq$ *S. aureus* $\geq$ *E. coli* > *C. tropicalis* > *P. aeruginosa* > *E. hirae* (Figure IV.1). En outre, on a observé un niveau pareil de la toxicité pour toutes les huiles testées; avec des valeurs de CMI s'étendant de 31,25 µg/ml à 125,00 µg/ml, ces données s'accordent avec celles rapportées par d'autres auteurs (RUBERTO *et al.*, 2000; PINTORE *et al.*, 2002; WILKINSON *et al.*, 2003) au sujet de la faible sensibilité de *P. aeruginosa* aux HE d'*Origanum vulgare* L. ssp *glandulosum* (Desf.) Letswaart.

Les HE essentielles sont des mélanges complexes, volatiles, insolubles dans l'eau et visqueux, et les tests antimicrobiens doivent être optimisés en tenant compte de ces facteurs (JANSSEN *et al.*, 1987). Les émulsifiants non ioniques, tels que le Tween 20 et le Tween 80, sont largement utilisés comme des agents émulsifiants, malgré que dans la méthode de diffusion ils peuvent avoir un impact négatif (KIM *et al.*, 1995; HARKENTHAL *et al.*,1999). L'efficacité d'HE contre des microorganismes a diminuée avec l'augmentation de la concentration du Tween 80. Cet effet pourrait être provoqué par l'augmentation de la solubilité des constituants d'HE dans l'eau, parallèlement à la diminution de la solubilité dans les membranes cellulaires (KALEMBA et KUNICKA, 2003; HOOD *et al.*, 2003).

Dans cette étude, l'addition du Tween 80 à l'huile ou à l'Agar a une influence remarquable sur l'activité antimicrobienne des HE contre toutes les souches microbiennes utilisées, diminuant la zone d'inhibition d'une manière dépendante de la concentration et causant une disparition complète de la zone d'inhibition une fois incorporée à une concentration de 1% à l'Agar (Figure IV.2). Les résultats obtenus en présence de Tween 80 démontrent que l'activité cytotoxique des HE est liée aux caractéristiques physico-chimiques de leurs composants. Elle dépend également des souches microbiennes utilisées et ainsi, très plus probablement de la composition chimique de leurs couches externes.

En fait, contre des Gram négatifs l'incorporation de Tween 80 à l'Agar et à huile a toujours déterminé une absence totale de zones d'inhibition, excepté les échantillons 02/02 et 01/03 dont la concentration du Tween 80 est de 0.1%. En outre, quelques huiles incorporées avec une concentration de 0.1% du Tween 80, paraissent inactives contre *S. aureus* (6 huiles) et *E. hirae* (18 huiles), alors que l'addition du Tween 80 à 0.1% n'influence pas l'activité des huiles étudiées contre les espèces de *Candida*.

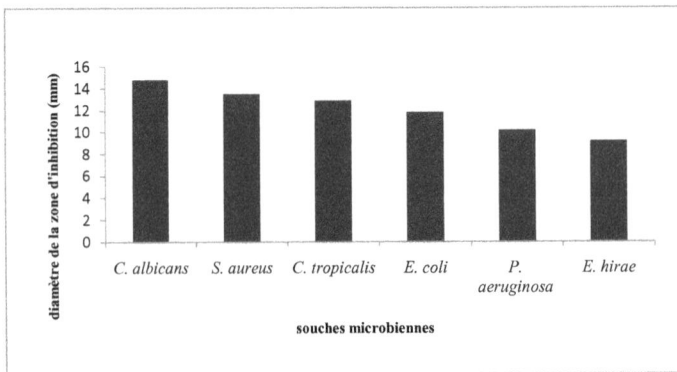

Figure IV.1: Diamètre de la zone d'inhibition chez les souches testées

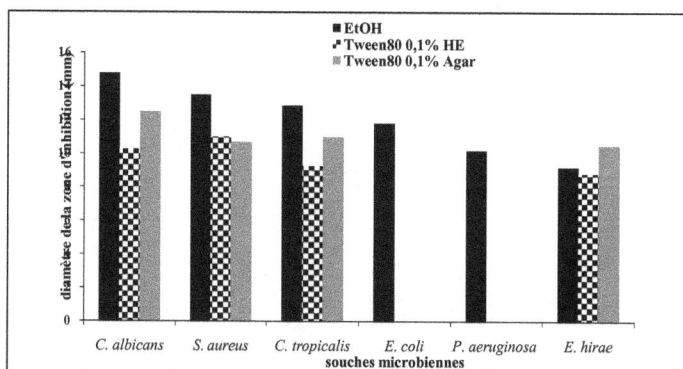

Figure IV.2: Diamètre de la zone d'inhibition chez les souches testées
(additon Tween 80 + Agar)

Tableau IV.1: Résultats de l'activité antimicrobienne des HE d'Origan

Echan.	C. albicans Zone d'inhibition (mm)[a] EtOH	Tween 80 HE 1%	HE 0.1%	Agar 0.1%	MIC (µg/ml)	C. tropicalis Zone d'inhibition (mm)[a] EtOH	Tween 80 HE 1%	HE 0.1%	Agar 0.1%	MIC (µg/ml)	S. aureus Zone d'inhibition (mm)[a] EtOH	Tween 80[a] HE 0.1%	Agar 0.1%	MIC (µg/ml)	E. hirae Zone d'inhibition (mm)[a] EtOH	Tween 80[b] HE 0.1%	Agar 0.1%	MIC (µg/ml)	E. coli Zone d'inhibition (mm)[e] EtOH	MIC (µg/ml)	P. aeruginosa Zone d'inhibition (mm)[d] EtOH	MIC (µg/ml)
01/02	15	-[c]	11	13	62.50	12	-	10	11	62.50	15	11	11	62.50	8	-	-	100.00	10	62.50	10	100.00
02/02	18	11	13	15	62.50	16	9	9	14	62.50	14	12	11	62.50	9	-	10	100.00	16	31.25	14	50.00
03/02	10	-	8	-	125.00	10	-	8	-	125.00	14	-	10	125.00	8	-	-	125.00	10	62.50	10	100.00
04/02	-	-	9	-	62.50	-	-	10	-	62.50	-	-	-	62.50	-	-	-	62.50	-	62.50	-	62.50
05/02	13	-	9	-	62.50	10	-	9	-	62.50	15	-	-	62.50	10	-	-	100.00	13	62.50	12	62.50
06/02	13	-	8	-	100.00	13	-	10	10	100.00	13	-	-	100.00	11	-	-	125.00	13	62.50	11	100.00
01/03	13	-	10	8	62.50	12	-	9	9	62.50	15	12	10	62.50	-	8	-	100.00	9	125.00	13	62.50
02/03	15	-	12	-	62.50	12	-	8	10	62.50	15	13	11	62.50	8	-	-	100.00	10	100.00	9	100.00
03/03	14	-	8	-	62.50	10	-	9	-	62.50	14	12	10	62.50	8	-	-	100.00	16	31.25	10	100.00
04/03	15	8	11	10	62.50	11	-	8	9	62.50	15	10	11	62.50	13	-	-	100.00	16	31.25	11	100.00
05/03	15	-	10	-	62.50	15	-	9	11	62.50	15	12	11	62.50	12	-	-	62.50	18	31.25	13	50.00
06/03	15	-	8	-	31.25	10	-	8	-	31.25	16	13	8	62.50	8	-	-	100.00	15	31.25	13	50.00
07/03	18	-	11	-	31.25	10	-	11	-	31.25	14	-	-	62.50	-	-	-	62.50	15	31.25	11	100.00
08/03	16	-	10	14	31.25	12	-	9	12	31.25	12	10	10	62.50	8	-	-	125.00	15	50.00	10	100.00
09/03	14	-	12	-	62.50	12	-	10	12	62.50	12	11	11	62.50	-	-	-	125.00	12	62.50	9	100.00
10/03	15	-	11	13	62.50	10	-	11	14	62.50	12	11	11	62.50	8	9	-	100.00	12	62.50	9	100.00
11/03	17	9	12	15	62.50	12	-	12	14	62.50	13	11	12	62.50	13	10	10	62.50	12	62.50	10	100.00
12/03	17	8	11	14	62.50	10	-	10	-	62.50	14	11	13	62.50	-	-	-	100.00	13	62.50	9	100.00
13/03	15	9	11	10	62.50	12	-	9	10	62.50	14	9	10	62.50	8	-	-	100.00	12	62.50	12	62.50
14/03	17	12	10	13	62.50	12	11	10	10	62.50	10	-	-	100.00	7	-	-	100.00	12	100.00	10	100.00
15/03	12	-	10	-	100.00	14	-	10	11	100.00	13	11	11	62.50	9	9	11	62.50	12	62.50	9	100.00
16/03	15	-	12	-	25.00	15	-	10	10	25.00	11	10	-	100.00	8	8	11	100.00	11	62.50	9	100.00
17/03	13	-	9	-	62.50	15	-	10	10	62.50	11	9	-	100.00	-	-	-	100.00	11	62.50	10	62.50

[a] Seulement les échantillons 02/02 et 10/03 auxquels est ajouté Tween 1% ont montré des zones d'inhibition

[d] Pas de zones d'inhibition avec l'addition de Tween 1%, seuls les échantillons 02/02 et 01/03 auxquels est ajouté Tween 0.1% ont montré des zones d'inhibition.

[b] Pas de zones d'inhibition avec l'addition de Tween 1%.

[c] Pas de zones d'inhibition avec l'addition de Tween 1% et 0.1%

[c] Pas d'inhibition.

[e] Pas de zones d'inhibition avec l'addition de Tween 1%.

– Pas d'inhibition.

Conclusion

CONCLUSION

A l'issue de ce travail, consacré d'une part à l'analyse phytochimique des huiles essentielles des différents échantillons d'Origan (*Origanum glandulosum* Desf. (Syn.):*Origanum vulgare* L. ssp. *glandulosum* (Desf.) Letswaart) récoltés durant les périodes: 1998, 2002 et 2003 à travers la zone d'étude, et d'autre part, à l'étude de l'activité antioxydante et antimicrobienne de ses huiles essentielles.

Dans le premier chapitre, nous avons passé en revue la synthèse des travaux bibliographiques du genre *Origanum* sur plusieurs aspects à savoir la distribution, l'écologie, la taxonomie, la biologie et la phytochimie. Nous nous sommes intéressés à l'étude de l'espèce *Origanum glandulosum* Desf. qui à subit une révision comme tous les autres espèces d'*Origanum* par LETSWAART en 1980 et se positionne dans la neuvième section intitulée: Section *Origanum*.

Dans le second chapitre, nous nous sommes intéressés à l'huile essentielle de l'*Origanum vulgare* L. subsp. *glandulosum* (Desf.) Letswaart., qui est endémique de l'Algérie et la Tunisie. Les rendements en huiles essentielles des échantillons récoltés dans différentes stations de la région d'étude sont variables allant de 0,6 à 5%. Trois méthodes d'extraction à savoir l'hydrodistillation, lavage basique et SPME font l'objet d'étude de différents échantillons des huiles essentielles ; l'étude a également, selon les trois méthodes, permis d'identifier, à partir de CPG et CPG-SM. quatre classes : celles des monoterpènes oxygénés, des hydrocarbures monoterpéniques, des sesquiterpènes et autres.

* La première méthode nous a permis d'identifier 40 composés – échantillons de l'année 1998 - (TabII73a) et 31 composés – échantillons des années 2002 et 2003 - (TabII.3b et TabII. 3c).

* La deuxième méthode nous a permis aussi d'identifier 28 composés (Tab II.2).

* La troisième méthode nous permis d'identifier 24 composés (Tab II.3). Enfin, les composés identifiés issus des trois méthodes sont répartis en quatre classes de composés cités au dessus. Cependant, toutes les huiles essentielles sont caractérisées par la prédominance de quatre composants dits majoritaires: thymol (7.7-73,1%), carvacrol (7,6-72,6%), p-cymène (1,7-52,17%) et γ-terpinène (0,7-31,79%).

Dans le troisième chapitre, nous nous sommes intéressés aux tests antioxydant et antiradicalaire (TBARS et DPPH). En premier lieu l'activité anti-radicalaire des huiles essentielles d' l'*Origanum vulgare* L. ssp. *glandulosum* (Desf.) Letswaart. a été évaluée par le DPPH (1,1-diphyényl-2-picrylhydrazyl) en suivant un protocole adapté de Brand-Williams et *al.* (1995), par conséquent, les résultats du test DPPH des huiles essentielles de l'*Origanum testé* montrent que les valeurs de les SC_{50} obtenues varient de $33,8 - 55,7$ nl/ml représentant effectivement un bon antioxydant du model adopté. En second lieu, l'examen du test TBARS, destiné à évaluer la capacité du potentiel d'oxydation des huiles essentielles de l'*Origanum vulgare* L. ssp. *glandulosum* (Desf.) Letswaart., montre une remarquable capacité de protection à des concentrations basses (100 ppm). Cette protection est due à la présence des composés phénoliques (carvacrol et thymol).

Le quatrième chapitre, a dégagé les résultats de la détermination de l'activité antimicrobienne des huiles essentielles *d'Origanum vulgare* L. ssp. *glandulosum* (Desf.) Letswaart provenant de la zone d'investigation sur plusieurs souches. Les huiles essentielles étaient inhibitrices de la croissance de toutes les souches testées à savoir les bactéries Gram (+) et bactéries Gram (-) comme: *Escherichia coli*, *Pseudomonas aeruginosa*, *Staphylococcus aureus*, *Enterococus hirae*, ainsi que pour les champignons notamment *Candida albicans* et *Candida tropicalis*, qui ont montré un degré de sensibilité aux huiles essentielles étudiées. En outre, on a observé un niveau semblable de la toxicité pour toutes les huiles examinées, avec des valeurs de CMI de $31.25 - 125.00$ du µg/ml. En conclusion, l'addition du Tween 80 à l'huile ou à l'agar diminue nettement l'activité antimicrobienne d'huiles essentielles contre toutes les souches microbiennes utilisées.

En revanche, le témoin (Alcool pur) n'a montré aucun effet inhibiteur sur les souches microbiennes utilisées. En effet, le pouvoir antimicrobien élevé des huiles essentielles *d'Origanum vulgare* L. ssp. *glandulosum* (Desf.) Letswaart. est attribué à la richesse en composés phénoliques (thymol et carvacrol), viennent ensuite les alcools (cinéole, linalol..) et dans une faible mesure les alcènes (ρ-cymène, pinène, terpinène..). En effet, plusieurs travaux ont démontré que le pouvoir antimicrobien élevé des huiles essentielles de plusieurs espèces du genre *Origanum* confirme que nous avons obtenu les mêmes résultats.

Bibliographie

1- ADAMS R.P., (1989): Identification of essential oil component by ion trap mass spectroscopy. *Ed. Academic Press INC*, San Diego, California. 302 p.

2- ADAMS R.P., (1995): Identification of essential oil component by gas chromatography/mass spectrometry. *Ed. Allured Publishing Corporation, Carol Stream, Illinois.* 456 p.

3- AFNOR , (1998) : Matières premières d'origine naturelle – Vocabulaire. 355 p.

4- AKGÜL A., and BAYRAK A., (1987): Constituents of essential oils from *Origanum* species growing wild in Turkey. *Planta Medica* 53 (1):114.

5- ALLEGRINI J., SIMEON DE BUOCHBERG M. et BOILLOTS H. (1973) : Emulsions d'huiles essentielles fabrication et application en microbiologie. *Travaux de la Société de Pharmacie de Montpellier.* (33), 73-86.

6- ANTOLOVICH M., PRENZLER P.D., PATSALIDES E., McDONALD S. and ROBARDS, K., (2002): Methods for testing antioxidant activity. *Analyst,* 127, 183-198.

7- ARNAO M.B., CANO A., and ACOSTA M., (1999) : *Free Rad. Res.* (31), 89 p.

8- ARNOLD N., BELLOMARIA B., VALENTINI G. and ARNOLD H.J., (1993): Comparative study of the essential oils from three species of *Origanum* growing wild in the eastern Mediterranean region. *J. Essential Oil Res.* 5 (1), 71-77.

9- ARPINO P., PREVOT A., SERPINET J., TRANCHANT J., VERGNOL A., et WITTIER P. (1995): Manuel pratique de chromatographie en phase gazeuse – *Ed. Masson,* Paris. 637 p.

10- AURELI P., CONSTANTINI A. and ZOLEA S., (1992): Antimicrobial activity of some plant essential oils against *Listeria monocytogenes. Journal of Food Protection* (55), 344-348.

11- BARATTA M.T., DORMAN H.J.D., DEANS S.G., BIONDI D.M. and RUBERTO G. (1998): Chemical composition and antioxidative activity of laurel, sage rosemary, oregano and coriander essential oils *J. Essential. Oil Res.,* (10), 618-627.

12- BASER K.H.C., TUMEN G., and SEZIK E., (1991): The essential oil of *Origanum minutiflorum O.* Schwerz and P.H. Davis. *J. Essential Oil Res.,* 3 (6), 445-446.

13- BASER K.H.C., ÖZEK T., KURKCUOGLU M., and TUMEN G., (1992): Composition of the essential oil of *Origanum sipyleum* of Turkish origin. *J. Essential. Oil Res.,* 4 (2), 139-142.

14- BASER K.H.C., ÖZEK T., TÜMEN G. and SEZIK E., (1993): Composition of the Essential Oils of Turkish *Origanum* Species with Commercial Importance. *J. Essential Oil Res.,* (5), 619-623.

15- BASER K.H.C., ÖZEK T., KÜRKÇÜOGLU M., and TÜMEN G., (1994): The essential Oil of *Origanum vulgare* subsp .*hirtum* of Turkish Origin. *J. Essential Oil Res.,* (6), 31-36.

16- BASER K.H.C., OZEK T. and TUMEN G., (1995): The essential oil of *Origanum rotundifolium* Boiss. *J. Essential Oil Res.* 7 (7), 95-96.

17- BASER K.H.C., KURKÇUOGLU M., BEMERCI B. and ÖZEK T., (2003): The essential oil of *Origanum syriacum* L. Var. *Sinaicum* (Boiss) Letswaart. *Flavour and Fragrance Journal*, (18), 98-99.

18- BELAICHE P. (1979): Traité de phytochimie et d'aromathérapie. Tome 1 : *L'aromatogramme*, 204 p. *Ed.*, Maloine. S.A

19- BÉNÉ A., FORNAGE A., LUISIER J.L., PICHLER P., and VILLETAZ J.C., (2001): A new method for the rapid determination of volatile substances: the SPME-direct method.Part I: Apparatus and working conditions, *Sensors and Actuators B*, 72, 184-187.

20- BENJILALI B., RICHARD H.M.J. et BARITAUX O., (1996): Etude des huiles Essentielles de deux espèces d'Origan du Maroc: *Origanum compactum* Benth. et *Origanum elongatum* Emb. Et Maire. *Liebensen Wiss and Technol.*, (19), 22-26.

21- BIANCHINI A., (2003): Contribution à la valorisation d'une plante aromatique de Corse, *Helichrysum italicum* (Roth) G. Don subsp. *italicum*; composition chimique de l'huile essentielle, composition inorganique du végétale et des sol. *Thèse de doctorat. Université de Corse – Pascal Paoli*, 265 p.

22- BIONDI D., CIANCI P., GERACI C., and RUBERTO G., (1993): Antimicrobial activity and chemical composition of essential oils from *Scicilian* Aromatic plants. *Flavour* and *fragrance journal*, (8), 331-337.

23- BOUCHIKHI T., (1994): Activité antimicrobienne de quelques huiles essentielles. *Thèse de Doctorat en microbiologie, Université Blaise Pascal.* 106 p.

24- BOULLARD B., (1988): Dictionnaire de botanique. 398 pages, *Marketing Ed.* ISBN : 2-7298-8845-4

25- BOULLARD B. (2001): Plantes médicinales du monde - croyances et réalités-660 p., Paris, *Ed.* ESTEM.

26- BOYD B., FORD, C., KOEPKE MICHAEL C., GARY, K., HORN E., McANALLEY S. and McANALLEY B., (2003): Etude pilote ouverte de l'effet antioxydant d'Ambiotose AOTM sur des personnes en bonne santé. *GlycoScience and Nutrition.* 4 (6), 7 p.

27- BRAND-WILLIAMS W., CUVELIER ME. and BERST C., (1995): Use of a free radical method to evaluate antioxidant activity. *Food Science and Technology*, (28), 25-30.

28- BULLERMAN L.B., LIEU, F.Y. and SEIER S.A. (1977): Inhibition of growth and aflatoxin production by cinnamon and clove. *J. Food Science*, (42), 1107-1109.

29- CANILLAC N. and MOUREY A., (2001): Antibacterial activity of essential oils of *Picea excelsa* on *Listeria*, *Staphylococcus aureus* and *Coliform bacteria*. *Food Microbiology* (18), 261-268.

30- CAPECKA E., MARECZEK A. and LEJA M., (2005): Antioxidant activity of fresh and dry herbs of some *Lamiaceae* species. *Food Chemistry*, (93), 223-226.

31- CARLSTROM A., (1984): New species of *Alyssum*, *Consolida*, *Origanum* and *Umbilicus* from the SE Aegean Sea. *Willdenowia*, (14), 15-26.

32- CARMO M.M., FRAZO S. and VENANCIO F. (1989): The chemical composition of Portugueuse *Origanum vulgare* oils. *J. Essential Oil Res.*, 1 (2), 69-71.

33- CHIEJ R, (1984): Macdonald encyclopedia of medicinal plants. *Ed.* Macdonald, London, 212-217.

34- CONSTANTIN E., (1996): Spectrométrie de masse, *Lavoisier Tec et Doc*, Paris, 1-14.

35- CZRWINSKI J., ZYGMUNT B. and NAMIESNIK J. (1996): Headspace solid phase microextraction for the GC-MS analysis of terpenoids in herb based formulation. *Fresenius J. Anal. Chem.*, 356 (1), 80-83.

36- DANIN, A. and KUNNE, I., (1996): *Origanum jordanicum* (Labiatae), a new species from Jordan, and notes on the other species of *Origanum* Sect. *Campanilaticalyx*. *Willdenowia*, (25), 601-611.

37- DE HOFFMAN E., CHARRETTE J., and STROOBANT V., (1999): Spectrométrie de masse, *Ed.* Masson, Paris, 1994 pages, Nouvelle *Ed.* Dunod, Paris.

38- DELAQUIS P.J., STANICH K., GIRARE B. and MAZZA G., (2002): Antimicrobial activity of individual and mixed fractions of dill, cilantro, coriander and eucalyptus essential oils. *International Journal of Food Microbiology* (74), 101-109.

39- DONALD S.M., PRENGLER P.D., AUTOLOVICH M. and ROBARDS K., (2001): *Food Chemistry* (70), 70-73

40- DORMAN H.J. and DEANS S.G., (2000): Anti-microbial agents from plants: Antibacterial activity of plant volatile oils. *Journal of Applied Microbiology*, (88), 308-316.

41- DORMAN H.J.D., DEANS S.G. and NOBLE RC, (1995): Evaluation in vitro of plant essential oils as natural antioxidants. *J. Essential Oil Res.*, (7), 645-651.

42- DUBOIS J. MITTERAND H. et DAUZAT A., (2006): Dictionnaire étymologique et historique du français, *Ed.* Larousse, 1442 p.

43- DUDAI N.E., PUTIEVSKY E., RAVID U., PALEVITCH D. and HALEVY A.H. (1992): Monoterpene content in *Origanum syriacum* as affected by environmental conditions and Flowering. *Physiologia Plastarum*, 84 (3), 453-459.

44- FLEISHER A. and SNEER N. (1982): Oregano spices and *Origanum* chemotypes. *Journal of Agricultural and Food Chemistry*, (33), 441-446.

45- FRANCHOMME P. (1981): L'onomatologie à visée antiinfectieuse. *Phytopharmacie*, (1/2), 25-47.

46- GROUP P., DUFOUR C., LOONIS M. and DANGLES O. (2003): Quatitative kinetic analysis of hydrogen transfer reactions from dietary polyphenols to the DPPH radical. *Journal of Agricultural and Food Chemistry*, (51), 615-622.

47 GRUBB T.C., (1959): Studies on Antibacterial vapors of volatile substances. *J. Am. Pharm. Assoc. Sci. Ed.* , (48), 272-275.

48- GUERIN F. E. (1835): Dictionnaire pittoresque d'histoire naturelle et des phénomènes de la nature. Tome 2, 639 p., Paris, imprimerie de COSSON.

49- HALIM A.F., MAHALY M.M., ZAGHLOUL H., ABDELFATAH H., POOTER H.L. and De POOTER H.L. (1991): Chemical constituents of the essential oils of *Origanum syriacum* and *Stachys aegyptiaca. Int. J. Pharmacognosy*, 29 (3), 183-187.

50- HAMMER K. and JUNGHANNS W., (1996): *Origanum majorana* L.- some experiences from Eastern Germany. Proceeding of the IPGRI, International Workshop on Oregano (8-12 May 1996) 100-102. *CIHEAM*, Valenzano (Bari), Italy.

51- HAMMER K.A., CARSON C.F., and RILEY T.V., (1999): Antibacterial activity of essential oil and other plant extracts. *Journal of Applied Microbiology* (86), 985-990.

52- HARKENTHAL M., REICHLING J., GEISS H.K. and SALLER R., (1999): Comparative study on the in vitro antimicrobial activity of Australian tea tree oil, cajuput oil, niaouli oil, manuka oil, kanuka oil and eucalyptus oil. *Pharmazie*, 54 (6), 460-463.

53- HARPAZ S., GLATMAN L., DRABKIN V. and GELMAN A., (2003): Effects of herbal essential oils used to extend the shelf life of freshwater-reared Asian sea fish (*Lates calcarifer*). *Journal of Food Protection,* (66), 460-463.

54- HARVALA C., MENAROS P. and ARGYRIADOU N. (1987): Essential oil from *Origanum dictamus. Planta Medica*, 53 (1), 107-109.

55- HOHMANN B. (1968): Zveiweniger bekannte gewnerzkraenta *Origanum virens* and *Corido thymus capitatus* Z. *Lebensm. Unters und Forschung*, 138 (4), 212-216.

56- HOOD J.R., WILKINSON J.M., and CAVANAGH H.M.A., (2003): Evaluation of common antibacterial screening methods utilized in essential oil research. *J. Essential Oil Res.,* (15), 428-433.

57- HOPPE H.A. (1985): Drignekunde 7. *De Gruyter et Co. Hamburg*, 622-624.

58- JANSSEN A.M., SHEFFER J.J.C. and SVENDSEN B., (1987): Antimicrobial activity of essential oils : A 1976-1985 literature review. Aspects on the test methods. *Planta Medica* (53), 395-508.

59- JOULAIN D., (1994): Modern methodologies applied to the analysis of essential oils and other complex natural mixture: use and abuse, *Perfumer and Flavorist*, (19), 5-17.

60- JOULAIN D., and KÖNIG W.A., (1998): The atlas of spectral data of sesquiterpene hydrocarbons, *Ed.* E.B. – Verlag, Hambourg. 1188 p.

61- JULIANO C., MATTANA A., and USAI M., (2000): Composition and in vitro antimicrobial activity of the essential oil of *Thymus herba-barona* Loisel growing wild in Sardinia. *J. Essential Oil Res.,* (12), 516-522.

62- KALEMBA, D. and KUNICKA, A., (2003) : Antimicrobial and antifungal properties of essential oils. *Current Medical Chemistry,* (10), 813-829.

63- KARAPINAR M., and AKTUG S.E., (1987): Inhibition of foodborne pathogens by thymol, eugenol, menthol and anethole. *International Journal of Food Microbiology* (4), 161-166.

64- KAROUSOU R., (1995): Taxonomic studies on the Cretan Labiatae. Distribution, morphology and essential oils. *PhD thesis*, university of Thessalonik, Thessaloniki.

65- KAYA N. (1992): Quality characteristics of wild origanum onites L. from 4 regions of Turkey. *Ege Ueniversitesi Ziraat Fakueltesi Dergisi.*, 27 (2), 11-24

66- KELLNER W. et KOBERT (1956): Möglichkeitein der Verwendung ä therischer öle zur Raumdesinfektion. *ARZNEIM*, (6), 768 p.

67- KIM J., MARSHALL M.R. and WEI C., (1995): Antibacterial activity of some essential oil components against fine foodborne pathogens. *Journal of Agriculture and Food Chemistry,* 43 (11), 2839-2845.

68- KOKKINI S. and VOKOU D. (1989): Carvacrol-rich Plantss in Greece. *Flavour and fragrance journal*, (4), 1-7.

69- KOKKINI S, VOKOU D. and KAROUSOU R., (1991): Morphological and chemical variation of *Origanum* vulgare L. In Greece. *Bot. Chron.*, (10), 337-346.

70- KOKKINI, S., (1996): Taxonomy, diversity and distribution of *Origanum* species. Proceedings of the IPGRI Iternational Wourkshop on Oregano, 8-12 May; *CIHEAM*, Valenzano, Bari, Italy, 2-12.

71- KOVATS E., (1965): Gas chromatographic characterization of organic substances in the retention index system, *Advance in Chromatography*, 229-247.

72- KULISIC T., RADONIC A., KATALINIC V. and MILOS V. (2004): Use of different methods for testing antioxidative activity of oregano. *Essential Oil Food Chemistry*, (85), 633-640.

73- LAGOURI V., BLEKAS M.; SIMIDOU T., KOKKINI S. and BOSKOU D. (1993): Composition and antioxydant activity of essential oils from oregano plants grown wild in Greece. *Z. Lebensm. Unters. Forsch.*, (197), 20-23.

74- LAMBERT R.J.W., SKANDAMIS P.N., COOTE, P. and NYCHAS, G. J.E., (2001): A study of the minimum inhibitory concentration and mode of action of oregano essential oil, thymol and carvacrol. *Journal of Applied Microbiology,* (91), 453-462.

75- LATTAOUI N., (1989): Pouvoir antimicrobien des huiles essentielles de 3 espèces de Thym à profils chimiques différents. *Thèse de troisième cycle*, option microbiologie, *E.N.S. Takadoum, Rabat,* 25-67.

76- LAWRENCE B.M. and REYNOLDS R.J., (1984): The botanical and chemical aspects of oregano. *Perfumer and Flavorist.*, (9), 41-51.

77- LEE K.H., HUANG E.S., PAGANA J.S. and GEISSMAN T.A., (1971): Cytotoxicity of sesquiterpenes lactones. *Cancer. Res.*, (31), 1649-1654.

78- LEMHADRI A., and ZEGGWAGH NA (2004): Anti-hyperglycaemic activity of the aqueous extract of *Origanum vulgare* growing wild in Tafilalet region. *J. Ethnopharmacol.*, (92), 251-256.

79- LETSWAART J.H., (1980): A taxonomic revision of the genus *Origanum* (Labiatae), *Leiden Botanical series 4 Leiden university press*: Le Hague. 153 p.

80- LONGEVIALLE P. (1981): Spectrométrie de masse des substances organiques, Masson, Paris, 222 p.

81- MADSEN, H.L. and BERTELSEN, G. (1995): Spices as antioxidants. *Food Sciences and Technology*, (6), 271-277.

82- MARCZCAL G. and VINCZE-VEMS M., (1973): A Majoranae es *Origani herba* illoolaj – Komponenseinek osszehasonlitoanalizise. *Gyogyszerézset.*, 17 (16), 214-217.

83- MARUZZELLA J.C., (1963): In investigation of the antimicrobial properties of absolutes. *Am. Perfum. Csmet.*, (78), 19-20.

84- MCLAFFERTY F.W., and STAUFFER D.B., (1994): Wiley registry of mass spectral data. 6^è *Ed*. Mass spectrometry library search system benchtop / PBM, Version 3.10d, *Ed*. Palissade Co., Newfield. 216 p.

85- MCLAFFERTY F.W., and MICHNOWICZ J.A., (1992): State-of-the-art GC-MS, *Chemtech.*, 182-189.

86- MCLAFFERTY F.W., and STAUFFER D.B., (1989): The Wiley/NB registry of mass spectral data, *A Wiley Interscience Publication*, (7), 120-145, *Ed*. Wiley and Sons, New-York.

87- MCLAFFERTY F.W., and TURECÈK F., (1993): Interpretation of mass spectra. *Ed*. University Science Book, 4^è *Ed*., Sausalito, California., (9),437–444

88- MILLER K.G., POOLE C.F., and PAWLOWSKY T.M.P., (1996): Classification of the botanical origin of cinnamon by solid-phase microextraction and gas chromatography, *Chromatographia*, 42 (11-12), 639-646.

89- MOLYNEUX P., (2004): The use of the stable free radical diphenylpicrylhydrazyl (DPPH) for estimating antioxydant activity. *Songklanakarin J. Sci. Technol.*, 26 (2), 211-219.

90- MORRIS JA., KHETTY A. and SEITZ EW. (1978): Antimicrobial activity of aroma and essential oils. *J. Amer Oils Chem. Soc.*, (56), 595-603.

91- NATIONAL INSTITUTE OF STANDARDS and TECHNOLOGY (NIST), (1996): PC version 1.5a of the NIST/EPA/NIH Mass Spectral Library, *Perkin Elmer Corporation*. 598 p.

92- NCCLS (National Committee for Clinical Laboratory Standards), (1997): Performance standards for antimicrobial disk susceptibility test. Sixth *Ed. Approved Standard* M2-A6, *Wayne*, PA., 865-879

93- NCCLS (National Committee for Clinical Laboratory Standards), (1999): Performance standards for antimicrobial susceptibility test. *Ninth International Supplement* M100-S9, *Wayne*, PA. 1543 p.

94- NOBLE R.C. and COCCHI M., (1995): Lipid metabolism and the neonatal chicken. *Prog. Lipid Res.*, (29), 107-140.

95- PANICHAYUKARAUT P. et KAEWSUMAN S. (2004): Bioassay-guided isolation of the antioxydant constituant from *Cassia alba* L. leaves. *Songklanakarin, J. Sci. Technol.* 26 (1), 103-107.

96- PAWLISZYN J., (1997): Solid-phase microextraction – theory and practice. *New York.* Wiley-VCH. 655 p.

97- PELLECUER J, ALLEGRINI J, et SIMEON DE BOUCHBERG M. (1976): Huiles essentielles bactéricides et fongicides. *Revue de l'institut Pasteur de. Lyon 9.*, (2). 135-159

98- PEYRON L., (1992): Techniques classiques actuelles de fabrication des matières premières naturelles aromatiques, Les arômes alimentaires, *Ed. Lavoisier.* 216-240.

99- PINCEMAIL, J., MEURISSE, M., LIMET, L. et DeFRAIGNE, J.O (1998): Mesure et utilisation des antioxydants en médecine humaine. MS, 73 p.

100- PINO JA, BOERGES P., and RONCAL E. (1993): Differentiation of the essential oils from four species of oregano by gas-liquid chromatography. *Alimentaria*, (224), 105-107.

101- PINTORE G., USAI M., BRADESI P., JULIANO C., BOATTO G., TOMI F., CHESSA M., CERRI R. and CASANOVA J., (2002): Chemical composition and antimicrobial activity of *Rosmarinus officinalis* L. from Sardinia and Corsica. *Flavour and Fragrance Journal,* (17), 15-19.

102- PLINE L'ANCIEN: Histoire naturelle. Vol. 20, 183 p., traduction française par E. LITTRE en (1951).

103- POLITEO O., JUKIC M. and MILOS M., (2006): Chemical composition and antioxidant activity of essential oils of twelve spice plants. *Croatica Chemica Acta,* 79 (4), 545-552.

104- PUTIEVSKY E., RAVID U. and DUDAI N. (1988): Phenological and seasonal influences on essential oil of a cultivated clone of *Origanum* vulgare L. *J. Sci. Food and Agric.* 43 (3), 225-228.

105- QUEZEL, P. et SANTA, S., (1962-1963): Nouvelle flore d'Algérie et des régions désertiques. Tome 2, *CNRS,* Paris. 1170 p.

106- RATLEDGE, C., and WILKINSON, S.G., (1988): An overview of microbial lipids. In: RATLEDGE C. et WILKINSON S.G (Eds.), Microbial Lipids, vol. 1. *Academic Press,* London, 3-22.

107- REMMAL A. (1994): Activités antibactériennes et antivirales des huiles essentielles *d'Origan*, de *Girofle* et *Thym. Thèse de doctorat,* Faculté des Sciences Dhar El Mehraz, Fes, Marocco. 121-126.

108- RUBERTO G., BARATTA M.T., DEANS S.G. and DORMAN H.J.D., (2000): Antioxidant and antimicrobial activity of *Foeniculum vulgare* and *Crithmum maritimum* essential oils. *Planta Medica*, (66), 687-693.

109- RUBERTO G., BIONDI D., MEL R. And PIATTELLI M. (1993): Volatile flavour components of Sicilian *Origanum onites* L. *Flavour and Fragrance Journal*,(8), 197-200.

110- SARBACH R., (1962): Contribution à l'étude de la désinfection chimique des atmosphères. Etude des propriétés antibactériennes de 54 huiles essentielles, 115 p., *Thèse de Doctorat d'Université, Rennes.*

111- SARI, M. (1999): Etude ethnobotanique et pharmacopée traditionnelle dans le Tell Sétifien (Algérie). *Mémoire de Magister, Université Ferhat ABBAS de Sétif.* 90 p.

112- SCHEFFER J.J.C., LOOMAN A., BAERHEIM A., VENDSEN S. and SRER E., (1986): The essential oils of three *Origanum* species grown in Turkey. In: Progress in *J. Essential Oil Res*, 151-156, E.J. Brunke, *Ed.*, Walter de Gruyter, Berlin.

113- SENS-OLIVE J. (1979): Les huiles essentielles - généralités et définitions, dans Traité de phytothérapie et d'aromathérapie, *Ed.*, Maloine, 141-142.

114- SEZIK, E., TÜMEN, G., KIRIMER, N., ÖZEK, T. and BASER, K.H.C., (1993): Essential oil composition of four *Origanum vulgare* subspecies of Anatolian origin. *J. Essential Oil. Res.*, (5), 425-431.

115- SIMEON de BUOCHBERG M., (1976): L'activité antimicrobienne de l'huile essentielle de *Thymus vulgaris* L. et de ses constituants. *Thèse d'Etat de Docteur en Pharmacie, Faculté de Pharmacie*, Montpellier, 135-159.

116- SKOULA M. and HARBORNE J.B. (2002): The taxonomy and chemistry of *Origanum*, Oregano: The genera of *Origanum* and *Lippia*, 67 -109. *In Medicinal and aromatic plants – industrial profils;* (25); ISBN 0-415-36943-6

117- SOULELES C. (1991): Volatile constituents of *Origanum dubium* leaves and stem-bark. *Planta Medica*, 57 (1), 77-78.

118- TANTAOUI-ELARAKI A., ERRIFI A., BENJILALI B. and LATTAOUI N. (1992): Antimicrobial activity of four chemically different essential oils. *Rivista. Italiana*. EPPOS, (6), 13-23

119- TANTAOUI-ELARAKI A., LATTAOUI N., ERRIFI A. and BENJILALI B.(1993a): Composition and antimicrobial activity of the essential oil of *Thymus broussonettii, T. zygis* and T. *satureioides*. *J. Essential Oil Res.*, (5), 45-53.

120- TANTAOUI-ELARAKI, A., FERHOUT, H. and ERRIFI, A. (1993b): Inhibition of the fungal sexual stages by three Moroccan essential oils. *J. Essential. Oil Res.*, (5), 535-545.

121- THOMPSON D.P. (1986): Effect of essential oil on spore germination of *Rhizopus*, *Mucor* and *Aspergillus* species, *Mycologia*, (78), 482-485.

122- TUCKER A.O. and MACIARELLO M.J. (1992): Essential oil of *Origanum laevigatum* Boiss. *J. Essential Oil Res.*, 4 (4), 419-420.

123- TUMEN G. and BASER K.H.C. (1993): The essential oil of *Origanum syriacum* L. var. *bevanii* (Holmes) letswaart. *J. Essential Oil Res.* 5 (3), 315-316.

124- TUMEN G., ERMIN N., OZEK, T. and BAZER K.H.C. (1994): Essential oil of *Origanum solymicum* P.H. Davis. *J. Essential Oil Res.*, 6 (5), 503-504.

125- TUMEN G. and BASER K.H.C., KIRIME N. and OZEK T. (1995): Essential oil of *Origanum saccatum* P.H. Davis. *J. Essential. Oil Res.*, 7(2); 175-176.

126- ULTEE A., BENNINK M.H.J. and MOEZELAAR R., (2002): The phenolic hydroxyl group is essential for against the foodborne pathogen *Bacillus cereus*. *Applied and Environmental Microbiology*, 68 (4), 1561-1568. *PhD. Thesis*, ISBN 90-5808-19-9.

127- VAARA M., (1992): Agents that increase the permeability of the outer membrane. *Microbiological Reviews,* 56 (3), 395-411.

128- VALENTINI G., ARNOLD N., BELLOMARIA B. And ARNOLD H.J. (1991): Study of the anatomy and of the essential oil of *Origanum cordifolium*, an endemic of Cyprus. *J. Ethnopharmacology*, 35 (2), 115-122.

129- VALNET J. (1978): Une médecine nouvelle, phytothérapie et aromathérapie – comment guérir les maladies infectieuses par les plantes, 5-20. *Presses de la Renaissance.* ISBN 2-85616-121-9.

130- VAN DEN DOOL and KRATZ P.D., (1963): A generalizationof the retentin index system including linear temperature programmed gas-liquid partition chromatography, *J. Chromatogr.*, (11), 463-471.

131- VANSANT, G. (2004): Radicaux libres et antioxydants - principes de base. *Symposium - Antioxydants et alimentation-. Institut.* Danone. 85 p.

132- VEREEN D.A., MCCALL J.P., and BUTCHER D.J., (2000): Solid phase microextraction for the determination of volatile organics in the foliage of Fraser (*Abies fraseri*), *Microchemical Journal*, (65), 269-276.

133- VERNIN G. ET LAGEOT C., (1992): Couplage CG/SM pour l'analyse des arômes et des huiles essentielles, *Analysis*, 20 (7), 34-39.

134- VOKOU D., KOKKINI S. and BESSIERE J.M., (1988): *Origanum onites* (Lamiaceae) in Greece: distribution, volatile oil yield, and composition. *Econ. Bot.*, 42 (3), 483-487.

135- VOKOU D., KOKKINI S. and BESSIERE J.M., (1993b): Geographic variation of Greek oregano (*Origanum vulgare* ssp. *hirtum*) essential oils. *Biochem. Systematics and Ecol.*, 21(2):287-295.

136- WILKINSON J.M., HIPWELL M., RYAN T. and CAVANAGH H.M.A., (2003): Bioactivity of *Blackhousia citriodora*: antimicrobial and antifungal activity. *Journal of Agricultural and Food Chemistry*, (15), 76-81.

137- WONG, J.W., HASHIMOTO, K. and SHIBAMOTO, T. (1995): Antioxidant Activities of Rosemary and Sage Extracts and Vitamin E in a Model Meat System *Journal of Agricultural and Food Chemistry*, (43), 2707-2712.

Annexes

Annexe 1

I. Section *Amaracus* (Gleditsch) Bentham

1- *Origanum boissieri* Letswaart
2- *O. calcaratum* Jussieu
3- *O. cordifolium* (Montbret et Aucher ex Bentham)Vogel
4- *O. dictamnus* L.
5- *O. saccatum* Davis
6- *O. solymicum* Davis
7- *O. symes* Carlström

II. Section *Anatolicon* Bentham

1- *O. akhdarense* Letswaart et Boulos
2- *O. cyrenaicum* Beguinot et Vaccari
3- *O. hypericifolium* Schwarz et Davis
4- *O. libanoticum* Boissier
5- *O. scabrum* Boissier et Heldreich
6- *O. sipyleum* L.
7- *O. vetteri* Briquet et Barbey
8- *O. pampaninii* (Brullo et Furnari) Letswaart

III. Section *Brevifilamentum* Letswaart

1- *O. acutidens* (Handel-Mazzetti) Letswaart
2- O. *bargyli* Mouterde
3- *O. brevidens* (Bornmüller) Dinsmore
4- *O. haussknechtii* Boissier
5- *O. leptocladum* Boissier
6- *O. rotundifolium* Boissier

IV. Section *Longitubus* Letswaart

1- *O. amanum* Post

V. Section *Chilocalyx* (Briquet) Letswaart

1- *O. bigleri* Davis
2- *O. micranthum* Vogel
3- *O. microphyllum* (Bentham) Vogel
4- *O. minutiflorum* Schwarz et Davis

VI. Section *Majorana* (Miller) Bentham

1- *O. majorana* L.
2- *O. onites* L.
3- *O. syriacum* L. var. *syriacum*
4- *O. syriacum* L. var. *bevanii* (Holmes) Letswaart
5- *O. syriacum* L. var. *sinaicum* (Boissier) Letswaart

Annexe 2

Bouillon de MUELLER-HINTON (BMH)

- Composition type g/litre
- Infusat de viande   2,0
- hydrolysat de caséine   17,5
- amidon   1,5.
- pH =   7,4

Bouillon Dextrose de Sabouraud (BDS).

- Composition type g/litre
- Pour 1 litre de milieu :
- Tryptone.   5,0 g
- Peptone pepsique de viande   5,0 g
- Glucose   20,0 g
- pH du milieu prêt -à-l'emploi à 25°C : 5,7 ± 0,2.